ABITUR

Prüfungsaufgaben mit Lösungen

Zentralabitur • NEU • Zentralabitur • NEU

Erdkunde

Grund- und Leistungskurs
Gymnasium • Gesamtschule
Nordrhein-Westfalen

STARK

ISBN-13: 978-3-89449-148-2
ISBN-10: 3-89449-148-5

D-85318 Freising · Postfach 1852 · Tel. (0 81 61) 1790
4. neu bearbeitete Auflage 06/2006

Inhalt

Abiturähnliche Aufgaben für den Grundkurs

Abiturähnliche Aufgaben für den Leistungskurs

Autoren

OStR Rudolf Hermanns: Aufgaben 2, 3, 5, 8
StR Susanne Jeschek: Aufgabe 4
OStD Rainer Koch: Aufgaben 1, 6, 7, 9, 10

Vorwort

Liebe Abiturientinnen und Abiturienten,

Sie gehören zu den ersten Abiturjahrgängen in Nordrhein-Westfalen, die im Fach Erdkunde das so genannte **Zentralabitur** ablegen werden. Dieses Buch wird Ihnen dabei helfen, sich auf diese Prüfung erfolgreich vorzubereiten.

Das einführende Kapitel „Hinweise und Tipps zum Zentralabitur“ informiert Sie über die offiziellen Rahmenvorgaben, macht Sie mit den unterschiedlichen Arbeitsanweisungen (Operatoren) vertraut und erläutert die verschiedenen Schwierigkeitsstufen (Anforderungsbereiche) innerhalb jeder einzelnen Aufgabe sowie deren Bewertung. Außerdem erhalten Sie wertvolle **Tipps**, wie Sie die gestellten Aufgaben am besten lösen können. Auch über alles Wissenswerte zur **mündlichen Prüfung** im Fach Erdkunde werden Sie ausführlich informiert.

Anschließend stehen Ihnen 10 **praxiserprobte abiturähnliche Aufgaben** für den Grund- bzw. Leistungskurs zur Verfügung. Sie sind gemäß den Vorgaben für das Zentralabitur Erdkunde ab 2007 konzipiert und berücksichtigen alle **Schwerpunktthemen** und verbindlichen Inhaltsfelder.
Jede der Aufgaben ermöglicht gezieltes Üben: Eine genaue Zuordnung zu den Schwerpunktthemen hilft Ihnen bei der inhaltlichen Vorbereitung auf die offiziellen Themenschwerpunkte. Konkrete **Bearbeitungshinweise** zeigen, wie Sie am effektivsten an die Aufgaben herangehen. Die **ausführlichen Lösungsvorschläge** geben Ihnen die Möglichkeit, Ihre eigene Lösung damit zu vergleichen, um so Ihren Wissensstand zu analysieren. Mithilfe des **Stichwortverzeichnisses** können Sie sich schnell über wichtige Aspekte orientieren.

Insgesamt steht Ihnen mit diesem Buch eine umfangreiche Grundlage für Ihr eigenes Üben und für die wiederholende Festigung der im Unterricht gelernten Inhalte und Methoden zur Verfügung – beste Voraussetzung **für eine effektive Abiturvorbereitung** und eine eine erfolgreiche Abiturprüfung.

Viel Erfolg!

Rudolf Hermanns Susanne Jeschek Rainer Koch

Stichwortverzeichnis

Hinweise und Tipps zum Zentralabitur

1 Rahmenbedingungen

1.1 Vorgaben für das Zentralabitur 2007

Ab 2007 werden in Nordrhein-Westfalen die Prüfungsaufgaben für die schriftliche Abiturprüfung zentral vom Kultusministerium gestellt. Hingegen werden die mündlichen Prüfungsaufgaben weiterhin dezentral von der jeweiligen Schule entwickelt.

Die zentralen Prüfungsaufgaben orientieren sich an drei Vorgaben:
- an den gültigen Richtlinien und Lehrplänen Erdkunde Sekundarstufe II – Gymnasium/Gesamtschule,
- an den bundesweit gültigen Einheitlichen Prüfungsanforderungen in der Abiturprüfung (EPA),
- an den jährlichen Vorgaben zu den unterrichtlichen Voraussetzungen für die schriftliche Prüfung im Abitur in der gymnasialen Oberstufe.

Alle für Sie wichtigen Informationen werden auf den folgenden Seiten erläutert. Sollten Sie darüber hinaus an weitergehenden Informationen, z. B. zu einzelnen Erlassen oder zur EPA, interessiert sein, so finden Sie Informationen im Internet unter folgenden Adressen:
www.bildungsportal.nrw.de/BP/Schule/index.html
www.kmk.org/doc/beschl/196-12_EPA%20Geographie.pdf

1.2 Zeitrahmen

Im schriftlichen Abitur werden Sie zwischen drei Aufgaben wählen können. Im **Grundkurs** stehen Ihnen für die Bearbeitung der von Ihnen gewählten Aufgabe **210 Minuten einschließlich Auswahlzeit** zur Verfügung. Im **Leistungskurs** beträgt der Zeitrahmen **285 Minuten einschließlich Auswahlzeit**.

1.3 Aufgabenstruktur

Jede Aufgabe stellt eine thematische Einheit dar. In der Regel wird eine mehrteilige Arbeitsanweisung mit verschiedenen Teilaufgaben gestellt. Grund- und Leistungskurs unterscheiden sich im Hinblick auf den Umfang und/oder die Komplexität der vorgelegten Materialien. Ansonsten greifen sie bis auf wenige Unterschiede bei den jährlichen Vorgaben zu den inhaltlichen Schwerpunkten (s. unten!) auf dieselben inhaltlichen und methodischen Kompetenzen zurück.

2 Inhaltliche Schwerpunkte im Fach Erdkunde für das Abitur 2007

(Quelle: Ministerium für Schule und Weiterbildung Düsseldorf 2005 und 2006; vgl. auch Richtlinien und Lehrpläne Erdkunde Sek. II, Seiten 12–13)

Raumstrukturen und raumwirksame Prozesse in der Wechselwirkung von natürlichen Systemen und Eingriffen des Menschen Alle Bodentypen

- Böden in ihrer elementaren Bedeutung für nachhaltiges Wirtschaften
- Ökologische Prinzipien und zukunftsfähige Maßnahmen in der Industrie und Landwirtschaft *(nur Leistungskurs)*
- die gemäßigte, subtropische und tropische Klima- und Vegetationszone in ihrer Bedeutung für die Entwicklung von Räumen

Raumstrukturen und raumwirksame Prozesse im Spannungsfeld von wirtschaftlichen Disparitäten und Austauschbeziehungen

- Landwirtschaftlicher Strukturwandel in Abhängigkeit von Naturausstattung, Innovationen und Markt
- Ernährungspotenzial für eine wachsende Weltbevölkerung zwischen Subsistenzwirtschaft und Agrobusiness
- Wandel von Standortfaktoren in seiner Wirkung auf industrieräumliche Strukturen
- Zentralität als Ausdruck funktionaler Verflechtungen im städtischen und ländlichen Raum
- Tertiärisierung als Motor für die räumliche Verteilung von Arbeitsplätzen *(nur Leistungskurs)*
- Wirtschaftsfaktor Fremdenverkehr in seiner Bedeutung für Quell- und Zielregionen
- Wandel städtischer Strukturen unter dem Einfluss der Tertiärisierung

Raumstrukturen und raumwirksame Prozesse im Spannungsfeld von Aktionen und Konflikten sozialer Gruppen, Staaten und Kulturgemeinschaften

- Ursachen und Folgen von Wanderungsbewegungen für Herkunfts- und Zielgebiete
- Siedlungsstrukturen als Ausdruck sich wandelnder Gegebenheiten im lateinamerikanischen und orientalischen Kulturraum sowie veränderter politischer Leitbilder
- Zusammenwachsen von Räumen aufgrund politischer Vorgaben und kultureller Prägung *(nur Leistungskurs)*

3 Leistungsanforderungen

Folgende allgemeine Kenntnisse und Fähigkeiten müssen Sie bei der Bearbeitung der Abituraufgabe im Fach Erdkunde nachweisen:

Inhaltsbezogene Kenntnisse und Fähigkeiten
Sie sollten in der Lage sein, den vorliegenden Raum nach seinen geografischen und topografischen Besonderheiten zu lokalisieren und unter dem geforderten inhaltlichen Schwerpunkt sachkundig zu bearbeiten. Hierbei muss im Unterricht erworbenes Wissen zur Anwendung kommen.

Methodenbezogene Kenntnisse und Fertigkeiten
Sie sollten in der Lage sein, bezogen auf jede Teilaufgabe eine sinnvolle Auswahl aus den vorgelegten Arbeitsmaterialien zu treffen, die Erkenntnisse in Ihren Darstellungstext einzubauen und alle wesentlichen Aspekte herauszuarbeiten.
Die Materialauswertung ist Ihrer gedanklichen Gliederung zuzuordnen. Arbeiten Sie also die Materialien von M 1 bis M X nicht einfach der Reihe nach ab! Denn das würde bedeuten, dass Sie keine eigenständige gedankliche Strukturierung vornehmen. Eine solche Strukturierung stellt jedoch eine der im Abitur geforderten Leistungen dar.

Folgerichtige Gedankenführung und Argumentation zu den gestellten Teilaufgaben
Damit ist gemeint, dass Ihre Ausführung keine Gedankensprünge oder Widersprüche aufweisen darf und dass Sie die einzelnen Teile Ihrer Darstellung über sinnvolle Überleitungen oder Verbindungen miteinander verknüpfen.

Fach- und sachgerechte schriftliche Darstellung
Hierzu zählt der korrekte Gebrauch der Muttersprache ebenso wie die sichere Beherrschung der Fachsprache.

Zeitökonomische Bewältigung der Klausur
Dies bedeutet, dass Sie sich unter Berücksichtigung der Anzahl der Teilaufgaben und des Umfanges der auszuwertenden Arbeitsmaterialien die dreistündige (Grundkurs) bzw. viereinviertelstündige Bearbeitungszeit (Leistungskurs) so einteilen, dass auch für die letzte, in der Regel anspruchsvollste Teilaufgabe ausreichend Zeit bleibt. Berücksichtigen Sie auch, dass Sie für Ihr abschließendes Fazit ebenfalls Zeit benötigen.
Für die Überprüfung und das Training Ihrer methodischen Fähigkeiten und Fertigkeiten sei Ihnen das folgende Buch empfohlen:

Meiner/Raczkowsky:
Erdkunde: Grundlagen, Arbeitstechniken und Methoden
Stark Verlag, Freising 1998, Bestellnummer 94901

4 Anforderungsbereiche (AFB)

Die für die gymnasiale Oberstufe wichtigen **Anforderungsbereiche (AFB) I–III** werden in den EPA erläutert. Diese AFB sind sowohl für die Aufgabenstellung und die in ihnen enthaltenen Operatoren wichtig als auch für die Bewertung der Prüfungsleistungen. Diese drei Anforderungsbereiche entsprechen drei Leistungsstufen, die durch unterschiedliche Operatoren angesteuert werden.
In der folgenden Übersicht werden die AFB kurz skizziert und im Zusammenhang mit den einzelnen Operatoren erläutert. Ein Beispiel dient jeweils zum näheren Verständnis.

Operatoren, die vorrangig Leistungen im AFB I verlangen (Reproduktion)

nennen	Informationen/Sachverhalte ohne Kommentierung wiedergeben	Nennen Sie die technischen Entwicklungen, die den Steinkohleabbau im Ruhrgebiet möglich gemacht haben.
beschreiben	Materialaussagen/Sachverhalte mit eigenen Worten geordnet und fachsprachlich angemessen wiedergeben	Beschreiben Sie das Straßennetz der US-amerikanischen Städte.
darstellen	aus dem Unterricht bekannte oder aus dem Material entnehmbare Informationen und Sachzusammenhänge geordnet (grafisch, verbal) verdeutlichen	Stellen Sie am Beispiel des Duisburger Innenhafens den Strukturwandel im Ruhrgebiet dar.
lokalisieren	Einordnen von Fall-/Raumbeispielen in bekannte topografische Orientierungsraster	Lokalisieren Sie die Nordgrenze des Weizenanbaus auf unterschiedlichen Kontinenten.

Operatoren, die vorrangig Leistungen im AFB II verlangen (Reorganisation und Transfer)

einordnen / zuordnen	einem Raum / Sachverhalt auf der Basis festgestellter Merkmale eine bestimmte Position in einem Ordnungsraster zuweisen	Ordnen Sie den Entwicklungsstand Costa Ricas den verschiedenen Entwicklungstheorien zu.
kennzeichnen	einen Raum / Sachverhalt auf der Basis bestimmter Kriterien begründet charakterisieren	Kennzeichnen Sie die Wirtschaftsstruktur Japans Anfang der 50er-Jahre des 20. Jh.
analysieren	komplexe Materialien / Sachverhalte in ihren Einzelaspekten erfassen mit dem Ziel, Entwicklungen / Zusammenhänge zwischen ihnen aufzuzeigen	Analysieren Sie die soziale Struktur des Dortmunder Stadtteils Kirchhörde.
erläutern	Sachzusammenhänge mithilfe ergänzender Informationen verdeutlichen	Erläutern Sie den Vorgang der Flurbereinigung in Westdeutschland.
erklären	Begründungszusammenhänge, Voraussetzungen und Folgen bestimmter Strukturen und Prozesse darlegen	Erklären Sie den Vorgang der Suburbanisierung am Beispiel von Los Angeles.
vergleichen	Gemeinsamkeiten und Unterschiede zwischen (vergleichbaren) Strukturen / Prozessen erfassen und kriterienbezogen verdeutlichen	Vergleichen Sie die Bevölkerungspyramiden von Togo, Brasilien und Deutschland.
anwenden	Theorien/Modelle / Regeln mit konkretem Fall- / Raumbeispiel / Sachverhalt in Beziehung setzen	Wenden Sie die Standorttheorie Alfred Webers auf das Prinzip der Nassen Hütten an.

Operatoren, die vorrangig Leistungen im AFB III verlangen (Reflexion und Problemlösung)

erörtern	einen Sachverhalt unter Abwägen verschiedener Pro- und Contra-Argumente klären und abschließend eine schlüssige Meinung entwickeln	Erörtern Sie die Folgen der internationalen Arbeitsteilung am Beispiel der deutschen Automobilindustrie.
(kritisch) Stellung nehmen	unter Abwägung unterschiedlicher Argumente zu einer begründeten Einschätzung eines Sachverhalts / einer Behauptung gelangen	Nehmen Sie kritisch Stellung zu der Äußerung: „Die Ausweitung des ÖPNV ist die einzige Chance, den Kollaps der europäischen Innenstädte zu verhindern.“

überprüfen	(Hypo-)Thesen/Argumentationen/Darstellungsweisen auf ihre Angemessenheit/Stichhaltigkeit/Effizienz hin untersuchen	Überprüfen Sie die Aussage: „Der Tourismus ist geeignet, die Wirtschaft der Philippinen nachhaltig anzukurbeln."
beurteilen/ bewerten	auf der Basis von Fachkenntnissen/ Materialinformationen/eigenen Schlussfolgerungen unter Offenlegung/ Reflexion der angewendeten Wertmaßstäbe zu einer sachlich fundierten, qualifizierenden Einschätzung gelangen/eine begründete, differenzierte eigene Meinung entwickeln	Beurteilen Sie, ob die Gentrifikation in der Münchner City hinter der allgemeinen Entwicklung zurückgeblieben ist.

Anmerkung:
Lokalisieren, beschreiben, darstellen und *vergleichen* sind Operatoren, die je nach Komplexität des zu bearbeitenden Materials/der Zielrichtung der Teilaufgabe auch auf Leistungen im nächsthöheren Anforderungsbereich zielen können.

5 Tipps für die Anfertigung der Abiturklausur

5.1 Auswahl der Aufgabe

Am Tag der schriftlichen Prüfung können Sie aus **drei zur Wahl gestellten Aufgaben eine Aufgabe auswählen**. Hierfür haben Sie 30 Minuten Zeit. Falls Sie für die Aufgabenauswahl weniger Zeit benötigen sollten, kommt Ihnen dies zugute, denn Sie dürfen während der für die Auswahlzeit vorgesehenen 30 Minuten sofort mit dem Schreiben beginnen und gewinnen so Zeit. Deshalb sollten Sie sich darauf vorbereiten, nach einem relativ kurzen Blick auf Arbeitsanweisungen und Materialteil diese Entscheidung zu treffen.
Anhand der Überschrift wird bereits klar, um welchen Untersuchungsraum es sich handelt und welcher Themenschwerpunkt angesprochen wird (Landwirtschaft, Tourismus, Strukturwandel, Raumplanung, Stadtentwicklung o. a.). Auch wenn Sie jetzt schon zu einer Aufgabe tendieren: Entscheiden Sie sich nicht vorschnell, überprüfen Sie in jedem Fall, ob Ihnen auch der Materialteil „liegt". Bei Ihrer Entscheidung kann u. U. auch die Tatsache helfen, ob ein ähnliches Thema, bezogen auf einen anderen Raum, bereits einmal Gegenstand einer Klausur oder Ihres Unterrichts war oder ob die Aufgabe einer Ihnen bekannten Aufgabe in diesem Band ähnelt.

5.2 Zeiteinteilung

Beginnen Sie nicht zu früh mit der Reinschrift – zunächst einmal muss in Ihrem Kopf die Bearbeitung aller Teilaufgaben „klar" sein, müssen Sie anhand des Materialteils die gesamte Aufgabe gedanklich bewältigt haben, muss das Ergebnis, soweit ein solches in der letzten Teilaufgabe gefordert wird, für Sie feststehen.
Verwenden Sie beim Schreiben nicht übermäßig viel Zeit auf die in der Regel einfache Teilaufgabe 1 – sie zählt bei der Bewertung nicht so stark wie die folgenden Teilaufgaben.
Für einen letzten Korrekturgang sollten Sie am Ende ca. 15 Minuten einplanen. Während dieser Zeit gilt es, formale Aspekte (Rechtschreibung, Zeichensetzung, Layout-Anforderungen wie Deckblattgestaltung, Seitenzahlen-Hinweise u. a.) zu überprüfen. Hierbei ist auch Gelegenheit, ggf. Lesehilfen in Form von Unterstreichungen und Zwischenüberschriften, soweit nicht schon beim Schreiben geschehen, nachträglich als Gliederungshilfe einzufügen.

5.3 Notizen beim ersten Sichten des Materialteils

Markieren Sie jeden Operator, rufen Sie sich ins Gedächtnis, welche Aufgabenrichtung hiermit gemeint ist, und halten Sie sich unbedingt daran! So vermeiden Sie Themaverfehlungen.
Arbeiten Sie beim Sichten des Materials mit Randanmerkungen und mit Textmarker, schreiben Sie sich zentrale Fachbegriffe neben das einzelne Material. Machen Sie sich eine Notiz, wo Sie den Atlas zur Unterstützung von Aussagen hinzuziehen, markieren Sie, welches Material zu welcher Teilaufgabe passt (manche Materialien gehören zu mehreren Teilaufgaben).
Gehen Sie bei der Sichtung das Material von M 1–M X durch, aber bedenken Sie: In genau dieser vorgegebenen Reihenfolge sollten Sie die Einzelmaterialien bei Ihren späteren Ausführungen nicht „abarbeiten"! Denn es wird von Ihnen erwartet, dass Sie sich selbstständig im Material bewegen, je nach dem von Ihnen gewählten gedanklichen Argumentationsansatz. Das Material ist manchmal bewusst nicht sachlogisch aneinandergereiht, manchmal spielt auch das Format für die Unterbringung auf dem einen oder anderen Blatt eine Rolle. In jedem Fall müssen Sie Ihre methodischen, materialbezogenen Kompetenzen unter Beweis stellen, indem Sie sich von der vorgegebenen Materialreihenfolge, wo notwendig, lösen.

5.4 Strukturierung

Überlegen Sie, wie Sie in die Gesamtbearbeitung einleiten: Zu jeder Erdkundeklausur gehört eine räumliche Einordnung, ob ausdrücklich gefordert oder nicht. Ein erster Bezug zum Thema gehört ebenfalls an den Anfang.

Folgende Fragen helfen beim Aufbau der Arbeit:
- Wo lassen sich innerhalb der Teilaufgaben sinnvolle Abschnitte einziehen?
- Wie lassen sich Überleitungen zwischen den Teilaufgaben herstellen?
- Wie wollen Sie – mit Rückbezug zum Thema – den Schlussteil gestalten?

Die Abituraufgaben im Fach Erdkunde bestehen aus mehrteiligen Arbeitsanweisungen. Hinter ihrer Reihenfolge verbirgt sich eine sachlogische gedankliche Ordnung. Insofern haben Sie hierdurch bereits die gedankliche Grobgliederung vorgegeben. Halten Sie sich unbedingt daran – mit jedem Operator (s. o.!) sind ganz konkrete Arbeitsanweisungen zu befolgen.
Machen Sie die Bearbeitung einzelner Hauptgedanken durch Absätze deutlich, und fügen Sie an mehreren Stellen so genannte „Spitzmarken" ein, einzelne mit Lineal (!) unterstrichene Kernbegriffe, die alleine in einer Zeile stehen, quasi als Unter-Untergliederung. Unübersichtliche Endlossätze und -absätze ermüden den Leser/ Lehrer; auch das Auge benötigt zwischendurch eine Unterbrechung. Grundsätzlich verdeutlichen Absätze, Spitzmarken und Zwischentitel, dass Ihrer Ausführung eine klare gedankliche Ordnung zugrunde liegt.

Tipp:
Vergewissern Sie sich in regelmäßigen Abständen, wie die Themenstellung lautet – nicht selten passiert es, dass man sich so über das gerade wie von alleine aus der Feder Fließende freut, dass man darüber ganz aus den Augen verliert, was das eigentliche Ziel der Darstellung im Sinne von Thema und Arbeitsanweisung ist.

5.5 Hilfsfragen

Bei der Arbeit mit dem Materialteil können die folgenden Fragen hilfreich sein:

- *Aus welchem Jahr stammt die jeweilige Quelle?*
  Die Antwort macht deutlich, ob das Dargestellte noch aktuell ist oder ob eine Aussage aus einer früheren Zeit stammt.
- *Wer hat die Quelle verfasst?*
  Die Antwort hierauf kann wichtig sein für eine geforderte Bewertung, da z. B. eine politisch begründete Meinung entsprechend gedanklich einzuordnen ist.

- *Welche Querverbindungen gibt es zwischen den einzelnen Materialien?*
  Ein jedes Klausur-Materialpaket ist einem Mosaik gleich: Seine einzelnen Bausteine gehören thematisch zueinander, fügen sich durch Ihre Bearbeitung zu einem Gesamtbild. Arbeiten Sie diese Zusammenhänge heraus und machen Sie diese sprachlich deutlich.
- *Woher stammen meine eigenen Aussagen?*
  Belegen Sie, dass sich das von Ihnen Gesagte aus dem Material ergibt. Zitieren Sie dort (z. B. aus Quellentexten), wo es wichtig ist, kurz und prägnant.

5.6 Materialbelege und Zitate

Materialhinweise sind keine Satzglieder, schon gar keine Subjekte. Sie sind einfache Anhänge in Klammern und gehören grundsätzlich an das Ende eines Satzes oder Abschnittes.
Also nicht: „M 3 zeigt uns, dass die Bevölkerung …“ oder „Die Bevölkerungszunahme kann man an M 3 erkennen“. Sondern: „Im Zeitraum von 1990 bis 2004 ist die Bevölkerung um 30 % gestiegen (M 3)“. So vermeiden Sie die Vermischung von Inhalts- und Formebene.
Fügen Sie solche Belege immer dann ein, wenn Sie einen neuen Sachverhalt vorstellen oder ein neues Argument vortragen – der Klammerzusatz macht keine Mühe, beweist aber Ihr methodisch richtiges Vorgehen und stellt für Sie selber eine Rückversicherung dar, dass Ihre Aussage des Materials richtig/möglich ist.

5.7 Der Schluss

Lassen Sie, um im Bild des Hausbaus und Maurers zu sprechen, mit dem letzten Satz zur letzten Teilaufgabe nicht „die Kelle fallen“: Zwar ist das gedankliche Gebäude vom Grundsatz her fertig und die Argumentation „dicht“ – aber zu einer Ausführung gehört nun einmal ein Abschluss wie zu einem Haus der äußere Verputz. Jede der Teilaufgaben hatte einen eigenen Arbeitsschwerpunkt – und alle hatten etwas mit dem Thema in der Aufgabenstellung zu tun. Dieses Thema ist quasi das Dach, das alle zwei/drei Gebäudeteile überdeckt.
Deshalb: Formulieren Sie Ihren Schlussteil unter Rückbezug auf die Themenstellung, und fassen Sie die wesentlichen Teilergebnisse stichwortartig zu einem Fazit zusammen, ohne hierbei bereits Gesagtes mit derselben Formulierung zu wiederholen („wie gesagt“ gehört übrigens grundsätzlich nicht in eine Ausführung, da Sie ansonsten eine überflüssige Wiederholung auch noch selber ankündigen würden!).

6.1 Bewertungskriterien

Bei der Bewertung der Prüfungsleistung werden alle Teilaufgaben einzeln mit Notenpunkten versehen. Es ist deshalb unbedingt notwendig, dass Sie **alle Teilaufgaben bearbeiten**. Auf Leistungen zum AFB II entfällt hierbei der größte Punkteanteil. Aus der vorgegebenen Bepunktung setzt sich durch Addition die Gesamtpunktzahl zusammen. Insgesamt werden im Fach Erdkunde genau 100 Punkte vergeben.
Für die Note „gut" (11 Punkte) müssen annähernd vier Fünftel (mindestens 75 %) der Höchstpunktzahl erreicht werden. Die Note „ausreichend" (5 Punkte) soll erteilt werden, wenn annähernd die Hälfte (45 %) der vorgesehenen Höchstpunktzahl erreicht wird.
Bei der Bepunktung werden folgende Bewertungskategorien berücksichtigt:
- inhaltliche Leistung (s. o.!),
- methodische Leistung (s. o.!),
- sprachliche Leistung/Darstellungsleistung.

6.2 Anforderungen an die Darstellungsleistung

Neben dem inhaltlich-sachlich richtigen Ertrag kommt der sprachlichen Richtigkeit eine große Bedeutung zu. Für die so genannte „**Darstellungsleistung**" sind im Erdkunde-Zentralabitur Nordrhein-Westfalen im Benotungsansatz von insgesamt 100 erreichbaren Punkten **16 Bewertungspunkte** vorgesehen. Hierbei sind folgende Kriterien von Bedeutung:

- *Verwendung einer präzisen und differenzierten Sprache:*
  „Missbrauchen" Sie Hilfsverben nicht als Vollverben; benutzen Sie Synonyme statt Wiederholungen; variieren Sie beim Satzbau, wählen Sie Nebensatzkonstruktionen statt Hauptsatzketten.
- *Verwendung von Fachbegriffen:*
  Auch im Fach Erdkunde hat jedes „Kind" einen Namen: Belegen Sie also jedes Phänomen mit einem Fachbegriff. Zur Erinnerung: In Ihrem Erdkundebuch gibt es, meist am Ende, ein Begriffs- oder Sachregister mit Erläuterungen. („City" heißt z. B. „City" und nicht „Stadt", denn „Stadt" meint etwas viel Größeres.)
- *Hypothesen/Vermutungen:*
  Kennzeichnen Sie ungesicherte Aussagen, Vermutungen und Hypothesen als solche, grenzen Sie diese gegen gesicherte Aussagen ab (z. B: „Es ist zu vermuten …", „ Es könnte sein, dass …" oder „Für eine gesicherte Aussage fehlen folgende Informationen …").

- *Syntaktisch korrekte Schreibweise:*
  Schreiben Sie in vollständigen Sätzen, achten Sie auf die richtige Wortstellung, variieren Sie Satzanfänge.
- *Stilistisch korrekte Schreibweise:*
  Unterlassen Sie umgangssprachliche Formulierungen, verwenden Sie ausschließlich Hoch- und Fachsprache.
- *Wissenschaftspropädeutik:*
  Stellen Sie Ihre Zitier- und Belegkompetenz unter Beweis.
- *Sachgerechte Strukturierung:* s. o.!

6.3 Formale Anforderungen

Berücksichtigen Sie bei Ihrer Ausführung die Anforderungen an die äußere Form und an die muttersprachliche Richtigkeit. Denn: Deutliche/gravierende Verstöße gegen diese Gebote führen zusätzlich zu Abzügen wegen Defiziten bei der Darstellungsleistung zu Bewertungsverlusten, d. h. von Notenpunkten bis zu einer Notenstufe. Wenn Sie bedenken, wie viel Mühe Sie sich bezüglich des Inhaltes und der Methode geben – ein nachträgliches Abwerten von Note 2 auf 3 oder von Note 3 auf 4 oder von … wäre doch mehr als ärgerlich.

- *Zahlen:* Schreiben Sie von null bis zwölf die Zahlen aus.
- *Deckblatt-Vorgabe:* Berücksichtigen Sie die Regelung, die an Ihrer Schule getroffen wurde.
- *Layout-Vorgabe:* Beachten Sie diese – an manchen Schulen darf z. B. nur eine halbe Seite je Bogen beschrieben werden, dient der Rest als halbseitiger Rand.
- *Seitenzahlen:* Fügen Sie ab Seite 2 diese am Fuß jeder Seite bei – nummerieren Sie die Seiten erst am Schluss, wenn keine Einschübe mehr erfolgen!
- *Nachträge:* Setzen Sie diese als Fußnoten durchnummeriert an den Schluss jeder Teilaufgabe oder einheitlich ganz an den Schluss, eventuell auf ein eigenes Blatt. Quetschen Sie solche Zusätze nicht nachträglich in den Text oder an den Rand!
- *Zeilenende:* Respektieren Sie den Rand, trennen Sie Wörter, schreiben Sie nicht über den Rand hinaus.
- *Kopf- und Fußzeile:* Diese gehören zum Seitenaufbau – sie sind kein geeigneter Platz für Zusätze oder Nachträge.
- *Sauberkeit:* Streichen Sie nicht unsauber durch. Ggf. setzen Sie zu Streichendes in eckige Klammern oder fügen eine entsprechende Fußnote zur Erklärung bei.

– *Rechtschreibung:* In NRW gilt die neue Rechtschreibung. Im Klausurraum liegt eine angemessene Anzahl von Rechtschreibduden aus: Sie sollten sich nicht zu schade sein, darin nachzuschlagen, wenn Sie unsicher sind.

7 Hinweise zur Benutzung dieses Buches

In den in diesem Buch abgedruckten Lösungsvorschlägen werden wesentliche Fachbegriffe durch **Fettdruck** hervorgehoben. Strukturierungshinweise in der **Marginalspalte** am Rand helfen Ihnen beim gedanklichen Nachvollzug der vorgeschlagenen Aufgabenlösung und erleichtern Ihnen so das Lernen.

Den besten Trainingserfolg werden Sie bei folgender Vorgehensweise erreichen:
1. Simulation der tatsächlichen Klausursituation, indem Sie den vorgesehenen **Zeitrahmen** berücksichtigen und – ohne den Lösungsteil anzusehen – die Aufgabenstellung bearbeiten (GK: 3 Zeitstunden; LK: 4 ¼ Zeitstunden).
2. Überprüfung der eigenen Ausführung anhand des abgedruckten Lösungsvorschlages. Hierbei ist wichtig, dass Sie den Bezug zwischen der jeweiligen Materialaussage und Ihrer eigenen Auswertung kritisch nebeneinanderstellen.
3. Überarbeitung derjenigen Passagen, die Ihnen beim ersten Mal nicht optimal gelungen sind. Dies kann u. a. bedeuten, dass Sie sich das eine oder andere Einzelmaterial besonders vornehmen und so intensiv wie nur möglich für sich alleine auswerten.

8 Die mündliche Abiturprüfung

Eine mündliche Abiturprüfung gibt es in jedem Fall im 4. Abiturfach. Daneben sind weitere mündliche Prüfungen im 1.–3. Abiturfach möglich, wenn die in den Abiturklausuren erzielten Noten um vier oder mehr Punkte von der Vornote (= Durchschnittsnote 12 I bis 13 II) abweicht oder Sie sich für eine freiwillige mündliche Prüfung melden, z. B. um Ihren Abiturdurchschnitt zu verbessern. Für mündliche Prüfungen im 1.–3. Fach gilt, dass sie nicht dem Stoffgebiet der Abiturklausur entsprechen dürfen. Es gelten ansonsten grundsätzlich dieselben Kriterien für die Bewertung wie bei den schriftlichen Anforderungen, wobei der sprachlichen Darstellung aufgrund der Kommunikationssituation eine besondere Bedeutung zukommt.

Ihnen wird eine materialgestützte Aufgabe gestellt, die aus einer oder aus mehreren Teilaufgaben bestehen kann. Für die Bearbeitung haben Sie im Vorbereitungsraum genau 30 Minuten Zeit. Während dieser Zeit sollen Sie einen 10 bis 15 Minuten langen geschlossenen Vortrag vorbereiten, bei dem Sie sich auf die Materialien sowie auf Ihre stichwortartigen Aufzeichnungen beziehen können.

Die Kürze der Vorbereitungszeit schließt aus, dass Sie Ihren Vortrag schriftlich ausformulieren; vielmehr ist es notwendig, ähnlich wie bei der Sichtungsphase in der Klausur (s. o.!), durch sinnvolles Markieren und knappe Anmerkungen den Vortrag vorzubereiten.
Im zweiten Prüfungsteil, der als Gespräch angelegt ist, werden Hintergrundwissen und die Fähigkeit, größere Sachzusammenhänge darzustellen, gefordert.

8.1 Der erste Prüfungsteil

Die größten Schwierigkeiten bei der mündlichen Abiturprüfung liegen erfahrungsgemäß im ersten Teil: Hier wird ein mindestens zehnminütiger zusammenhängender, gegliederter Vortrag gefordert. Da es für solch lange Vorträge kaum echte Übungsmöglichkeiten im Unterricht gibt, zumindest nicht für jeden Einzelnen, fehlt es weitgehend an konkreten Vorerfahrungen.

Tipps für die 30-minütige Vorbereitung

- Beginnen Sie sofort konzentriert mit der Bearbeitung.
- *Themenstellung*: Was ist die Zielrichtung der geforderten Bearbeitung?
- *Operatoren*: Welche konkreten Anforderungen werden gestellt? Bei Mehrteiligkeit: Welche Gliederungshilfe bieten die Teilaufgaben?
- *Einstieg*: Nehmen Sie die räumliche Einordnung vor und verdeutlichen Sie den Themenschwerpunkt.
- *Atlas*: Welche Karten sind für die räumliche Einordnung oder für einzelne Aspekte zusätzlich hilfreich?
- *Materialteil*: Fachbegriffe an den Rand schreiben, Quellen-Anmerkungen ergänzen, Stichworte für den Vortrag festlegen; im Material wichtige Stellen oder Zahlenwerte/Verläufe markieren. Wichtige Materialien müssen Sie u. U. bei mehr als nur einer Aufgabenstellung hinzuziehen. Denken Sie nie: „Einmal benutzt = abgehakt".
- Nummerieren Sie Ihre Markierungen, damit Sie anhand dieser Reihenfolge Ihren Vortrag gestalten können.
- *Thema/Fazit*: Themenformulierungen beinhalten häufig regelrechte Fragestellungen; bei anderen deutet die letzte Aufgabenstellung auf eine Lösung/ Bewertung/Beantwortung hin. Gestalten Sie deshalb den Schluss Ihrer Ausführung mit einem klaren Fazit, in dem Sie eine eindeutig formulierte Antwort geben.

Tipps für den Vortrag

- Sprechen Sie möglichst frei und hinreichend laut.
- Sprechen Sie klar und deutlich.
- Vermeiden Sie „Endlossätze“, an deren Beginn Sie sich beim Sprechen selber nicht mehr erinnern.
- Verbinden Sie Ihre Gedanken durch Konjunktionen und Subjunktionen, d. h. stellen Sie sprachlich unter Beweis, dass Sie in der Lage sind, kausale Beziehungen, Wechselbeziehungen, Abhängigkeiten, Folgen, Folgerungen, Widersprüche, zeitliches Nacheinander usw. im Rahmen Ihres Vortrages zu verdeutlichen („Und … und … und …“ sind hierfür ungeeignete Satzanfänge).
- *Leitfaden*: Nutzen Sie Ihre Anmerkungen aus dem Vorbereitungsraum.
- *Grobstruktur*: Nennung der Aufgabenstellung – Einleitung – Bearbeitung der Teilaufgaben – Schlussteil.
- *Zeitmanagement*: Legen Sie eine Armbanduhr neben Ihr Konzept, schreiben Sie, bevor Sie zu sprechen anfangen, den konkreten Zeitraum für Ihren Vortrag auf Ihr Konzept – so haben Sie klare zeitliche Anhaltspunkte.
- Üben Sie auch dieses Procedere mehrfach während der Qualifikationsphase – einen Teil dieser Verfahrensweisen können Sie ebenso bei Einzel- oder Gruppenvorträgen nutzen.
- *Fachsprache*: Beweisen Sie, dass Sie Ihre „Vokabeln“ gelernt haben, indem Sie diese verwenden.
- *Materialbezug*: Verdeutlichen Sie während des Vortrages, woher Sie Ihre Aussagen beziehen (z. B.: „Die Probleme des kernstädtischen Verkehrs werden besonders deutlich, wenn man anhand von M X das Straßennetz innerhalb der ehemaligen Stadtmauer betrachtet: Hier erkennt man …“ usw.). Damit lenken Sie Blick und Gedanken aller Anwesenden so auf den Sachverhalt, wie Sie es wünschen.
- *Tafelskizze*: Manchmal ist sie geeignet, das Gesagte zu unterstützen. Dies sollte nur wenige Sekunden dauern (z. B. zwei Kurvenverläufe als Ergebnis einer vorgegebenen Tabelle). Dadurch stellen Sie Ihre methodischen Darstellungskompetenzen unter Beweis.
- *Blickkontakt*: Ein gelegentlicher Blick zu Ihrem Prüfer oder zu den anderen Kommissionsmitgliedern zeugt von souveränem Umgang mit Situation und Kommunikationsregeln.
- *Sprachebene*: Die Adressaten Ihres Vortrages sind Erdkunde-Lehrer(innen), also allesamt Fachleute – bedenken Sie dies!

Training/Vorbereitungen
Wenn Sie je eine Teilaufgabe der Klausuren dieses Bandes nehmen und die hierzu passenden 2–4 Materialien (mehr werden es in der mündlichen Prüfung nicht sein), dann können Sie den ersten Prüfungsteil simulieren. Halten Sie die Vorbereitungszeit exakt ein, ziehen Sie zwei Kursmitglieder als fiktive Prüfungskommission hinzu, und lassen Sie sich von diesen hinterher begründet rückmelden, ob sie Ihren Vortrag „verstanden" haben bzw. wo nicht.

8.2 Der zweite Prüfungsteil

Die zeitliche Dauer entspricht derjenigen des ersten Teils: 10–15 Minuten je nach Verlauf. In diesem zweiten Teil der Prüfung muss der Prüfer/die Prüferin laut gesetzlichen Vorgaben das Thema aus einem anderen Kurshalbjahr der Qualifikationsphase wählen. Meistens erfolgt durch den Prüfer eine Überleitung von Ihrem Vortrag zu diesem zweiten Teil – hier können Sie unmittelbare Bezüge zum Ausgangsthema herstellen. Im weiteren Verlauf sollen Sie Ihre Kommunikationskompetenzen im Rahmen eines Fachgespräches unter Beweis stellen: Zeigen Sie sich also als gewandter Gesprächspartner, der adressatengerecht und sachkundig die Fragen und Impulse aufgreift und möglichst selbstständig und tiefgründig damit umgeht.

Tipps für das Prüfungsgespräch

- *Sprechanteil*: Je eigenständiger und umfassender Sie als Prüfling mit den Fragen und Impulsen umgehen, desto besser! Begnügen Sie sich nicht mit Kurzantworten, führen Sie länger aus.
- *Erfassen der Frageintention*: Achten Sie auf die Operatoren und auf fachliche Kernbegriffe! Führen Sie sinnvolle Beispiele oder Vergleiche aus dem Unterricht an, zeigen Sie Ihr Hintergrund- und Allgemeinwissen. Aber schweifen Sie nicht ab, bleiben Sie beim Thema.
- *Gesprächsaufbau durch den Prüfer*: In der Regel gestaltet der Prüfer ein solches Gespräch nach dem Prinzip „Vom Einfachen zum Schwierigen, vom Einzelfallbeispiel zum Allgemeinen/Modellhaften". Wenn Sie einen Bezug zu einer Ihnen passend erscheinenden Theorie oder zu einem aus dem Unterricht bekannten Modell selber herstellen können: Tun Sie dies!
- *Unterrichtsbezüge*: Hintergrund aller Fragen und Impulse ist das gemeinsam aus dem Unterricht Bekannte. Stellen Sie also dort wo möglich über das gerade angesprochene Einzelbeispiel hinaus Vergleiche zu dem im Unterricht Behandelten an, weisen Sie auf Gemeinsamkeiten oder auch auf Unterschiede hin. Machen Sie somit deutlich, dass Sie den Gesprächsgegenstand aus dem Prüfungsgespräch in größere Zusammenhänge einordnen können.

- *Verständnisproblem*: Sollten Sie mit einer einzelnen Frage einmal nichts anfangen können: verlieren Sie keine Zeit, bitten Sie an einer solchen Stelle um eine kurze ergänzende Erläuterung.
- *Unterbrechungen*: Lassen Sie sich nicht irritieren. Der Prüfer möchte Ihnen entweder zurück auf den Haupt(frage)weg helfen oder den Themenschwerpunkt wechseln, was vielleicht nur daran liegt, dass die Prüfungszeit allmählich knapp wird: Werten Sie solche Unterbrechungen in jedem Fall als für Sie günstig und hilfreich.
- *Mimik und Gestik der Prüfer*: Lassen Sie sich nicht durch Äußerlichkeiten irritieren: Jeder Prüfer ist bemüht, einen möglichst neutralen Eindruck zu vermitteln. Aber bei bis zu neun Prüfungen am Tag gelingt dies auch den Kommissionsmitgliedern nicht durchgängig.

Training / Vorbereitungen

Nicht jede/r aus Ihrem Erdkundegrundkurs wird Erdkunde als 4. Fach gewählt haben. Vereinbaren Sie mit Ihrem Kurslehrer/Ihrer Kurslehrerin mindestens einmal im Verlauf der Jahrgangsstufe 13 die Simulation eines Prüfungsgespräches unter Abiturbedingungen. Ggf. können Sie weitere Trainings mit anderen Mitgliedern Ihres Kurses wechselseitig durchführen, indem Sie die jeweiligen Kurshalbjahresthemen und die inhaltlichen Schwerpunkte berücksichtigen.

Viel Erfolg!

Abiturähnliche Aufgaben für den Grundkurs

Grundkurs Erdkunde (NRW) – Aufgabe 1
Landwirtschaftliche Nutzung unter dem Aspekt der Nachhaltigkeit am Beispiel Liberias

Aufgabenstellung

1. Beschreiben Sie die natürlichen Gegebenheiten Liberias im Hinblick auf die Eignung für eine landwirtschaftliche Nutzung.
2. Erläutern Sie vor diesem Hintergrund das gegenwärtige Muster der Landnutzung.
3. Erörtern Sie Shifting Cultivation und Ecofarming im Zusammenhang mit Notwendigkeiten und Zielen eines nachhaltigen Landbaus in Liberia.

Materialgrundlage

M 1 Geeignete Atlaskarten

M 2 Liberia: Land- und Forstwirtschaft

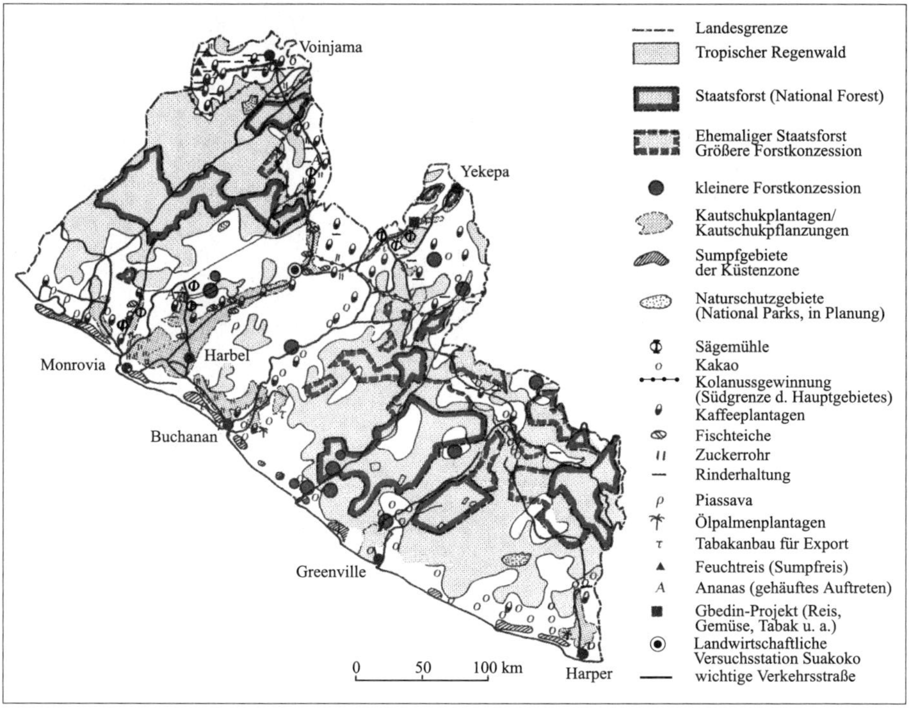

Quelle: Erdkunde Sek. II, Bd. 1. Paderborn: Schöningh Verlag 1985, 2. Aufl., S. 111

M 3 Liberia: Landnutzung

	1 000 ha	%
Ackerland davon bewässert	375 0,5	2,6
Brache	3 625	25,3
Weideland	5 700	39,7
Waldland	4 639	32,3
Forstland	6	0,1

Nur ca. 1 % des Ackerlandes kann kontinuierlich genutzt werden. Shifting Cultivation dominiert mit ca. 42 %, wobei Flächenanteile der Bereiche Brache, Weideland und Waldland in die mehrjährige Betrachtung einbezogen sind.

Quelle: nach Liberia at a Glance. The World Bank / Agriculture and Natural Resources Dept. 2000

M 4 Ertragsentwicklung in den feuchten Tropen in Gebieten von Brandrodung

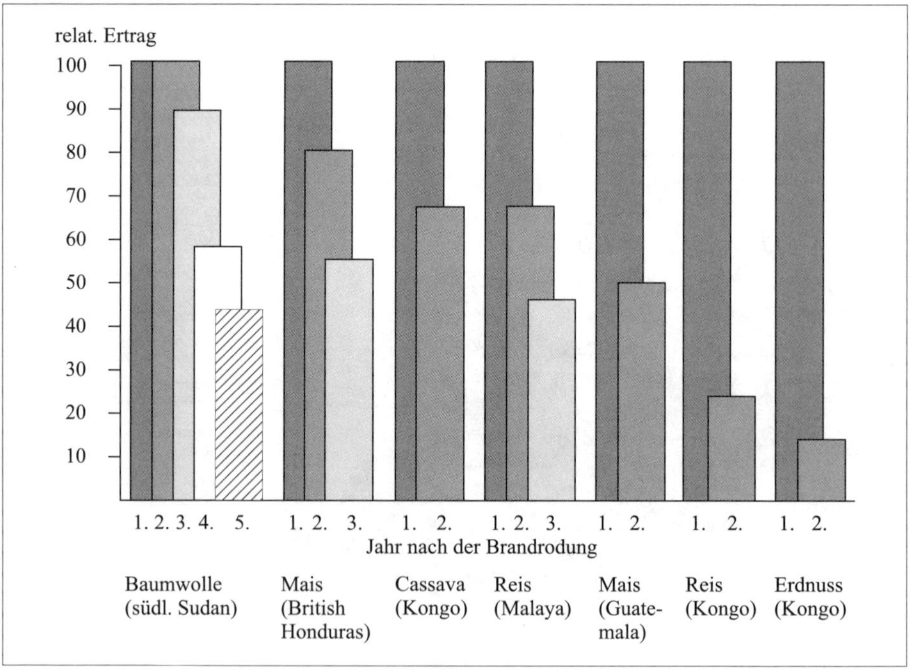

Quelle: Andreae, B.: Landwirtschaftliche Betriebsformen in den Tropen. Berlin: Paul Parey Buchverlag im Blackwell Wissenschaftsverlag GmbH 1972, S. 87

M 5 Zusammenhang zwischen Brachedauer und langfristigem Ertragspotenzial in den Tropen

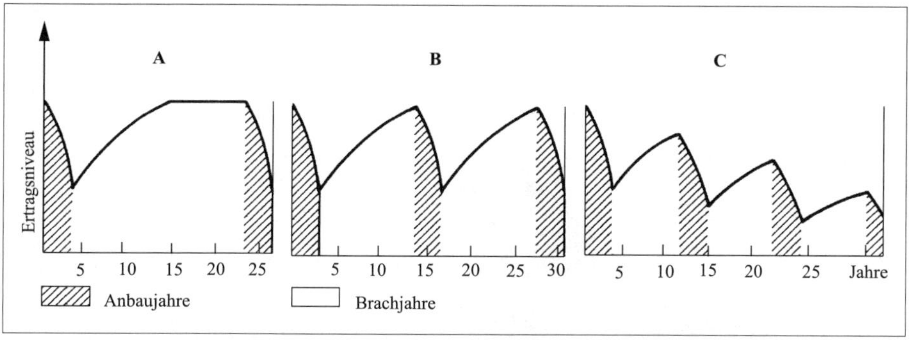

Quelle: nach Kümmerle, U./v. d. Ruhren, N.: Kursthemen Dritte Welt. Entwicklungsräume in den Tropen, Stuttgart: Ernst Klett Verlag GmbH, 1990, S. 42

M 6 Beispiel für eine Kulturartenverteilung im Landnutzungsmodell des Ecofarming

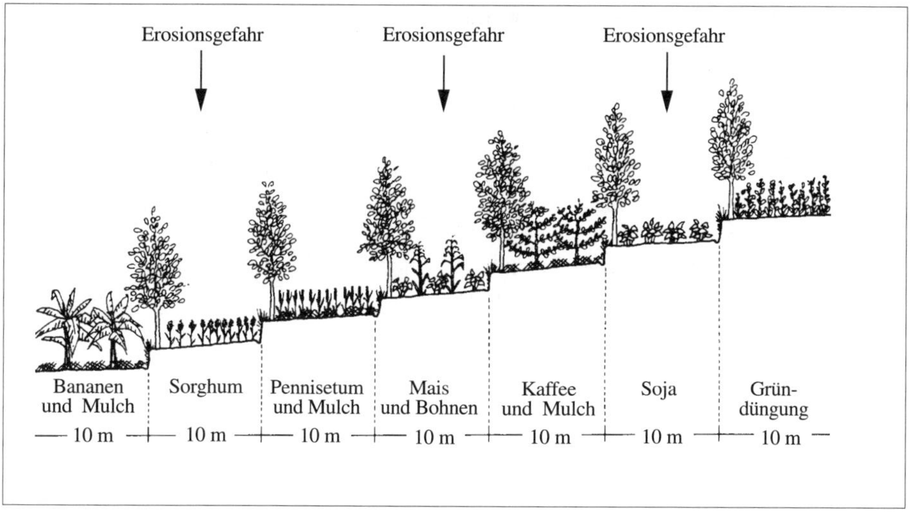

Quelle: Werle, O.: Strategien gegen den Hunger – landwirtschaftliche Entwicklungsprojekte in Ruanda. In: Frankfurter Beiträge zur Didaktik der Geographie. Bd. 9, 1986, S. 128

M 7 Liberia: Bevölkerungsentwicklung

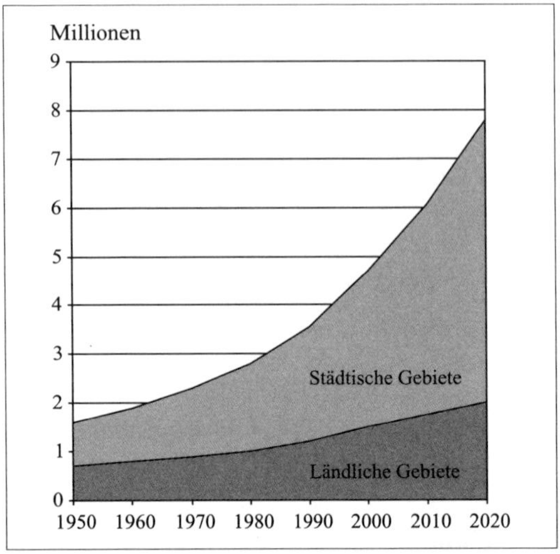

Quelle: nach Liberia at a glance; www.igc.org/wir/facts

M 8 Liberia: Nahrungsmittelproduktion

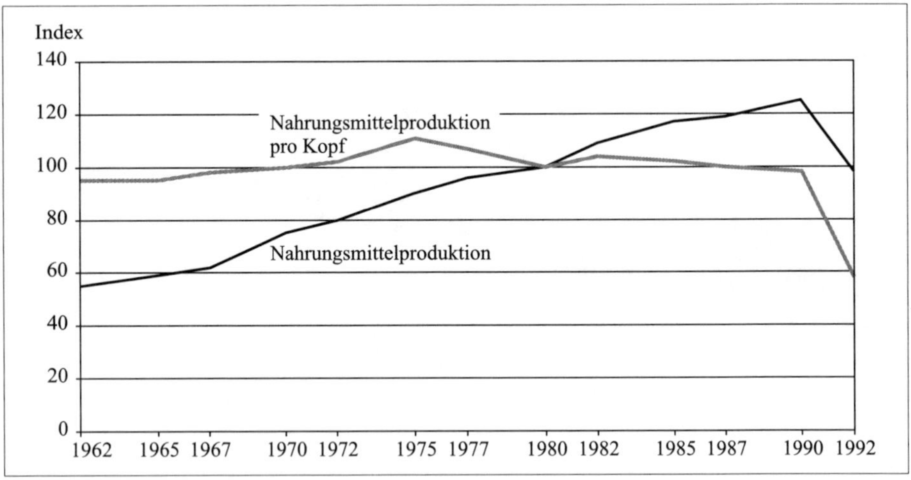

Nach 14 Jahren Bürgerkrieg befindet sich die Wirtschaft Liberias in einer äußerst schwierigen Situation. Mehr als 150 000 Einwohner hatten das Land zwischenzeitlich als Flüchtlinge verlassen und kehren erst allmählich zurück.
1984 lag die Einwohnerzahl Liberias bei 2,1 Mio.; bis zum Jahr 2003 ist sie auf 3,4 Mio. gestiegen. Die Nahrungsmittelproduktion lag 2003 (Ende des Bürgerkrieges) unter dem Stand von 1990.

Quelle: nach Liberia at a glance; www.igc.org/wir/facts, eigene Zusammenstellung

M 9 Holzwirtschaft in Liberia

Beginn der Nutzung von Regenwaldhölzern	1961
Intensivnutzung	seit 1970
heutige Regenwald-Flächen im Vergleich zu 1961	ca. 25 %
Anteil des Nutzholzes 1990	18 %
Anteil des Brennholzes 1990	81 %
Exportanteil gefällter tropischer Harthölzer 1990	39 %
Konzessionäre	90 % private ausländische Firmen
Konzessionen	meist nur für wenige Jahre erteilt*

* Staatliche Auflagen:
- Rundholz muss zu 100 % in Liberia verarbeitet werden
- Shifting Cultivation in den ausgewiesenen Waldgebieten ist zu verhindern
- Vorschrift, selektiv einzuschlagen
- Nur von der Forstbehörde ausgewiesene Arten dürfen geschlagen werden
- Jährliche Einschlagrate wird festgelegt
- Gebot der Wiederaufforstung eingeschlagener Flächen bzw. Ersatz durch Geldzahlung
- Höhere Besteuerung der exportierten Rundhölzer

Quellen: Daten für 1990: Liberia at a glance, The World Bank/Agriculture and Natural Ressources Dept. 2000; übrige Daten: Hasselmann, Karl-Heinz: Liberian Forests 1986

M 10 Wirtschaftsdaten Liberias

Erwerbstätige in der Landwirtschaft (2005)	70 %
Arbeitslosigkeit (2003)	85 %
BSP (2003)	700 US-$ / Ew.
BIP-Anteile (2002) – Primärer Sektor – Sekundärer Sektor – Tertiärer Sektor	 77 % 5 % 18 %
Import (2002)	59 % Nahrungsmittel und Getränke, 19 % Erdöl (1989: 24 % Nahrungsmittel)
Export (2002)	58 % Holz, 39 % Naturkautschuk (1989: 51 % Eisenerz, 26 % Naturkautschuk, 20 % Holz)

Quellen: Der Fischer Weltalmanach 2001 (Daten zu Import/Export 1989) und 2006 (Daten zu Import/Export 2002). © Fischer Taschenbuch Verlag GmbH, Frankfurt/Main 2000 bzw. 2005; übrige Daten: CIA World Factbook

Hilfsmittel: Der an der Schule eingeführte Atlas

Bezüge der Aufgabe zu den „Vorgaben zu den unterrichtlichen Voraussetzungen für die schriftlichen Prüfungen im Abitur in der gymnasialen Oberstufe" im Jahr 2007

Inhaltliche Schwerpunkte:
- Raumstrukturen und raumwirksame Prozesse in der Wechselwirkung von natürlichen Systemen und Eingriffen des Menschen
  - Böden in ihrer elementaren Bedeutung für nachhaltiges Wirtschaften
  - Die gemäßigte, subtropische und tropische Klima- und Vegetationszone in ihrer Bedeutung für die Entwicklung von Räumen

Lösungsvorschlag

Teilaufgabe 1

Erwartet wird bei dieser Teilaufgabe eine gegliederte, übersichtliche und detaillierte Darstellung der Lage und des Naturpotenzials Liberias. Die relevanten Informationen müssen Sie v. a. geeigneten Atlaskarten entnehmen, die am Ende des jeweiligen Abschnitts in Klammern als Quelle anzugeben sind.
Die Lagekennzeichnung sollte folgende Teilaspekte enthalten:
- *Lage im Gradnetz*
- *räumliche Ausdehnung*
- *Küstenlage.*

Bei der Darstellung der natürlichen Gegebenheiten sollten Sie auf das Relief sowie auf die Elementen des Faktorendreiecks Klima –Boden – potenzielle natürliche Vegetation eingehen.

Geografische Lage Liberias

Liberia, zwischen 5° und 10° nördlicher Breite an der Südwest-Küste Nordafrikas gelegen, weist ein kontinuierlich von der Küste landeinwärts ansteigendes **Relief** auf: An der Grenze zu Guinea und zu Sierra Leone erreichen die Landhöhen 1 000 bis 1 500 m, während der etwa 50 km breite Küstensaum der so genannten „Pfefferküste" 0–100 m über N. N. liegt (physische Atlaskarte).

Aufgrund der Lage im Gradnetz und der Lage an der Küste weisen der Küstenbereich mit bis zu 4 500 mm Jahresniederschlag und 10–12 humiden Monaten sowie das Landesinnere mit Jahreswerten kaum unter 2 000 mm bei ebenfalls fehlender Trockenzeit ein fast durchgängig **warmtropisch-humides Klima** auf (Weltklimakarte: Klimaklassifikation nach Lauer und Frankenberg). Dies wird durch den warmen Guineastrom noch unterstützt. Hauptregenzeit ist der Sommer, wenn durch die Verlagerung der

ITC vom Atlantik kommende Südwestwinde auflandig feuchte Luftmassen herantragen.

Die **potenzielle natürliche Vegetation** besteht fast ausschließlich aus **tropischem Regenwald** (M 2). Ganz Liberia weist aufgrund des warmtropischen Klimas **lateritische Böden** auf (Atlas).

Teilaufgabe 2

Beim „Erläutern“ sollen Sie Sachzusammenhänge mithilfe ergänzender Informationen verdeutlichen. In diesem Fall müssen Sie anhand von M 2 und M 3 die regionalen Nutzungsschwerpunkte in Abhängigkeit von den in Teilaufgabe 1 beschriebenen Voraussetzungen darstellen.

Ihre Darstellung darf sich nicht in unübersichtlichen Detailaussagen verlieren, sondern muss vielmehr sinnvoll bündeln und mithilfe von Fachbegriffen das Landnutzungsmuster erklären. Den Aspekt der geringen landwirtschaftlichen Nutzfläche und des unter 1% liegenden Ackerlandes (M 3) sollten Sie hierbei deutlich herausstellen.

Landwirtschaftliche Nutzung

Vor dem Hintergrund der unter Teilaufgabe 1 dargestellten natürlichen Gegebenheiten verwundert es nicht, dass **Waldwirtschaft** und **Shifting Cultivation** als Nutzungsformen dominieren und dass kontinuierlich genutztes Ackerland mit weniger als 1 % nur eine äußerst untergeordnete Rolle spielt (M 3). Das Kerngebiet ackerbaulicher Nutzung ist zum einen derjenige Teil des unmittelbaren Küstensaums, der sumpffrei ist; zum anderen gehört das Haupttal im Hinterland der Hauptstadt Monrovia dazu, wo sich eine Konzentration von Kautschukplantagen befindet (M 2).

Großflächige Waldwirtschaft, die vor allem in staatlichem Besitz ist, prägt das Bild. Ergänzt wird sie durch eine Fülle von „Forstgebieten“ mit kleineren Konzessionen. Der Information in M 2 „Forstwirtschaft“ steht die Aussage in M 3 „Waldland“ gegenüber: Es ist davon auszugehen, dass es sich bei der Nutzung der Waldbestände in Liberia weitgehend um eine nicht regenerative Art der Waldnutzung handelt, wie sie im Übrigen auch Atlaskarten und M 9 ausweisen. Weitere typische Nutzpflanzen der Tropen sind **Zuckerrohr, Kaffee, Kakao** und **Tabak** als so genannte **Cash Crops** sowie **Reis** und **Cassava** als **Grundnahrungsmittel** (M 2).

Die mit 70 % hauptsächlich von der Landwirtschaft lebende Bevölkerung (M 10) betreibt in der Mehrheit **Subsistenzwirtschaft** in Form von **Shifting Cultivation**, wie u. a. der hohe Bracheanteil von 3,6 Mio. Hektar (M 3) sowie der geringe Exportanteil agrarischer Produkte ausweisen. Die landwirtschaftliche Versuchsstation in Suakoko sowie das Gbedin-Projekt (M 2) deuten aber an, dass von staatlicher Seite aus Versuche unternommen werden, um Nutzungsalternativen im Zusammenhang mit **nachhaltigen Anbauformen** zu finden.

Teilaufgabe 3

Diese Teilaufgabe ist die komplexeste, erfordert sie doch eine Zusammenschau der Materialien M 4–M 10 im bewertenden Zusammenhang mit den bisherigen Ergebnissen.

Vor dem Hintergrund der wachsenden Bevölkerung bei gleichzeitiger Abnahme der Pro-Kopf-Nahrungsmittelproduktion seit 1980 und kriegsbedingtem noch stärkerem Rückgang seit 1990 muss die besondere Bedeutung einer nachhaltigen landwirtschaftlichen Nutzung herausgestellt werden. Sie sollten die beiden Methoden Shifting Cultivation und Ecofarming darstellen und hinsichtlich Ertragsentwicklung und Erosionsschutz erläutern. Der Zusammenhang zwischen binnenmarktorientiertem Anbau bei gleichzeitig zunehmendem Nahrungsmittelimport sollte problematisiert werden. Des Weiteren müssen Sie die besondere Bedeutung der Holzwirtschaft herausstellen und die Risiken einer Übernutzung verdeutlichen.

Liberias Landwirtschaft steht vor der Aufgabe, auf Dauer genügend Nahrungsmittel zur Bedarfsdeckung der stetig steigenden Bevölkerung zur Verfügung zu stellen: Seit 1950 ist die Bevölkerung von 1,6 auf 5 Mio. gestiegen, und laut **Bevölkerungsprognose** wird sie innerhalb der nächsten 15 Jahre sogar auf fast 8 Mio. steigen (M 7). Berücksichtigt man, dass bereits seit 1950 trotz gesteigerter landwirtschaftlicher Produktion um mehr als das Doppelte die **Pro-Kopf-Erträge** seit 1982 dennoch gesunken sind (M 8), so werden die Probleme der Eigenversorgung mit Nahrungsmitteln offensichtlich. Der hohe Nahrungsmittelimportanteil von 59 % unterstreicht dies (M 10).

Aus diesem Grund erscheint die derzeit hauptsächlich betriebene Anbauform der Shifting Cultivation eher ungeeignet, den steigenden Nahrungsmittelbedarf zu decken. Bei der **Shifting Cultivation** wird eine Anbaufläche aufgrund der Nährstoffarmut der Böden nach wenigen Jahren aufgegeben und neue Flächen werden durch **Brandrodung** gewonnen, wobei die Asche als Dünger dient. Sämtliche Nutzpflanzen der feuchten Tropen weisen jedoch spätestens ab dem 3. Nutzungsjahr nach erfolgter Brandrodung einen deutlichen Ertragsrückgang auf. Reis und Erdnüsse können wirtschaftlich sinnvoll sogar nur ein einziges Jahr lang angebaut werden. Auch bei Cassava und Mais stellt sich die Frage der Rentabilität schon vom 2. Jahr an (M 4). Der Zeitraum, den die lateritischen Böden benötigen, um zu regenerieren, beträgt im Idealfall 10 Jahre bei einer nachfolgenden **Nutzungsdauer** von max. 3 Jahren. Bei kürzeren Bracheintervallen würde das Ertragsniveau kontinuierlich sinken und läge schon nach 25 Jahren bei nur noch 50 % des Ausgangswertes; bei einer zu langen Brachezeit würde die potenzielle Ertragsleistung des Bodens nicht optimal ausgenutzt werden (M 5).

Shifting Cultivation – ungeeignete Nutzungsform

Dies bedeutet in jedem Fall, dass nur 3/13 der gesamten Shifting Cultivation-Fläche im Laufe eines Jahres genutzt werden dürfen, um eine optimale und **nachhaltige Bewirtschaftung** zu erzielen. Da in Liberia jedoch **keinerlei Flächenreserven** zur Verfügung stehen und die Bevölkerung weiter zunimmt, ergibt sich auf Dauer keine Möglichkeit, die steigende Nachfrage nach Nahrungsmitteln im Lande selbst zu befriedigen.

Eine Möglichkeit, in geringem Umfang landwirtschaftliche Nutzflächen hinzuzugewinnen und gleichzeitig den **Bodenwasserabfluss** und damit den **Nährstoffverlust** sowie die **Erosion** zu reduzieren, besteht in Form von **Terrassierungsmaßnahmen**. Dafür bietet das Relief in Liberia günstige Voraussetzungen (M 6 bzw. Ausführungen zu Teilaufgabe 1).

Diesen Gedanken greift auch das besonders in Afrika verbreitete so genannte **Ecofarming** auf, bei dem eine standortgerechte und schonende Form der landwirtschaftlichen Nutzung stattfindet, die weitgehend ohne Fremdmittel auskommt: Verschiedene Nutzungsformen wie Feldbau, Tierhaltung, Grünlandwirtschaft und Holzproduktion wechseln in unmittelbarer räumlicher Abfolge zonenartig ab. Im vorliegenden Beispiel (M 6) sind diese Zonen ca. 10 m breit und bestehen aus sieben unterschiedlichen Nutzungs-

Ecofarming als alternative Nutzungsform

formen innerhalb von nur 70 m. Die Nachteile großflächiger **monostruktureller Plantagennutzung** werden hierdurch vermieden. Es findet eine eingeschränkte **Nachahmung des Nährstoffkreislaufes des Regenwalds** statt, letztendlich ein **integriertes Landnutzungssystem** mit möglichst geschlossenen Stoffkreisläufen. Die Hangneigung wird für die Anordnung der Anbauzonen genutzt, und es werden sowohl Produkte für den **Binnenmarkt** (Sorghum, Mais, Bohnen, Soja) als auch für den **Export** (Kaffee, Bananen) erwirtschaftet. Inwieweit aber eine hinreichende Steigerung von Ernteflächen und Erntevolumen dadurch zu erzielen ist, lässt sich aus dem Material nicht entnehmen.

Nachhaltigkeit findet kaum Berücksichtigung

Dass Liberias Wirtschaft in der Vergangenheit wenig auf Aspekte der **Nachhaltigkeit** geachtet hat, beweisen die Strukturdaten zur Holzwirtschaft (M 9): Innerhalb von knapp 40 Jahren sind 75 % der ursprünglichen Regenwaldflächen verschwunden – das Ende der geschlossenen Regenwaldflächen scheint nicht mehr fern zu sein. Bedenkt man, dass von den geschlagenen Bäumen maximal ein Drittel exportfähig ist – es wurden aber nur 18 % als Nutzholz verwendet, der Rest wurde als Brennholz minderwertig genutzt –, so wird der unökonomische und unökologische Umgang mit der Ressource Holz ersichtlich.

Trotz aller staatlichen Auflagen, die vor allem einen selektiven und quantitativ begrenzten Holzeinschlag vorsehen, ist der wirtschaftliche Nutzen der Holzwirtschaft für Liberia als eher gering einzuschätzen: 90 % der Konzessionäre kommen aus dem Ausland, der Mittel- und Gewinnabfluss findet demnach auch in diese Richtung statt. Dass das eigentlich für eine **nachhaltige Forstwirtschaft** unverzichtbare Wiederaufforstungsgebot durch Geldzahlungen unterlaufen werden kann, ist eindeutig negativ zu bewerten. Erkennbar sind jedoch die Bestrebungen, durch diese Form staatlich kontrollierter Forstwirtschaft die Möglichkeit einer weiteren Ausdehnung der Shifting Cultivation in diesen Gebieten zu verhindern.

Fazit

Betrachtet man die wirtschaftlichen Daten Liberias, so muss festgestellt werden, dass sehr deutliche **Indikatoren** für eine Einordnung in die Gruppe der ärmsten und wirtschaftlich schwächsten Staaten der Erde vorhanden sind. In Anbetracht der Arbeitslosenquote, der Dominanz des primären Sektors, der ungünstigen Handelsstruktur und des niedrigen BSP/Einwohner sind ohne ausländische Unterstützung keine positiven Entwicklungsperspektiven vorhanden (M 10). Die langjährigen Bürgerkriegszustände in Liberia haben seit den 90er-Jahren vorhandene Ansätze einer positiven Entwicklung wieder zunichtegemacht (M 8).

Bevölkerungsdruck erfordert neue Nutzungsformen

Das vom feuchttropischen Klima geprägte Liberia leidet bereits seit mehr als 40 Jahren unter dem enormen Bevölkerungsdruck: Der aufgrund der natürlichen Bedingungen begrenzte **Nahrungsspielraum** scheint längst erschöpft. Die früher angemessene und angepasste Nutzungsform der Shifting Cultivation ist zu flächenintensiv und zudem ungeeignet, gleichzeitig dem gewachsenen Wunsch nach intensiver Holzwirtschaft gerecht zu werden. Die Methode des Ecofarming ist u. a. in Anbetracht der Oberflächenformen des Landes sinnvoll, wird aber von ihrem Ertragsvolumen her kaum in der Lage sein, den weiter steigenden Bedarf an Nahrungsmitteln zu decken.

Grundkurs Erdkunde (NRW) – Aufgabe 2
Tourismus als Entwicklungsfaktor – Das Beispiel der Balearen

Aufgabenstellung

1. Stellen Sie die Voraussetzungen für den Fremdenverkehr auf den Balearen dar.
2. Kennzeichnen Sie die Entwicklung und den aktuellen Zustand des Fremdenverkehrs auf den Balearen.
3. Überprüfen Sie, inwieweit das Wachstumszyklusmodell von Butler sich auf die Balearen anwenden lässt und Ihr Arbeitsergebnis repräsentativ für die Arbeit mit Modellen ist.

Materialgrundlage

M 1 Geeignete Atlaskarten

M 2 Klimadiagramm Mallorca

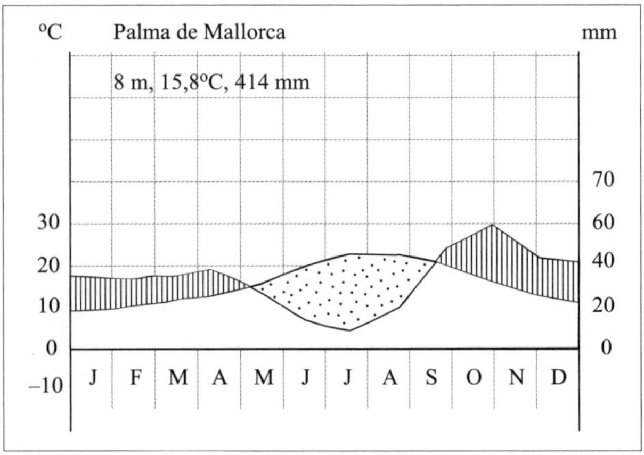

Quelle: eigene Darstellung,
Datengrundlage: Bernhard Mühr, www.klimadiagramme.de

M 3 Balearen – Fremdenverkehr

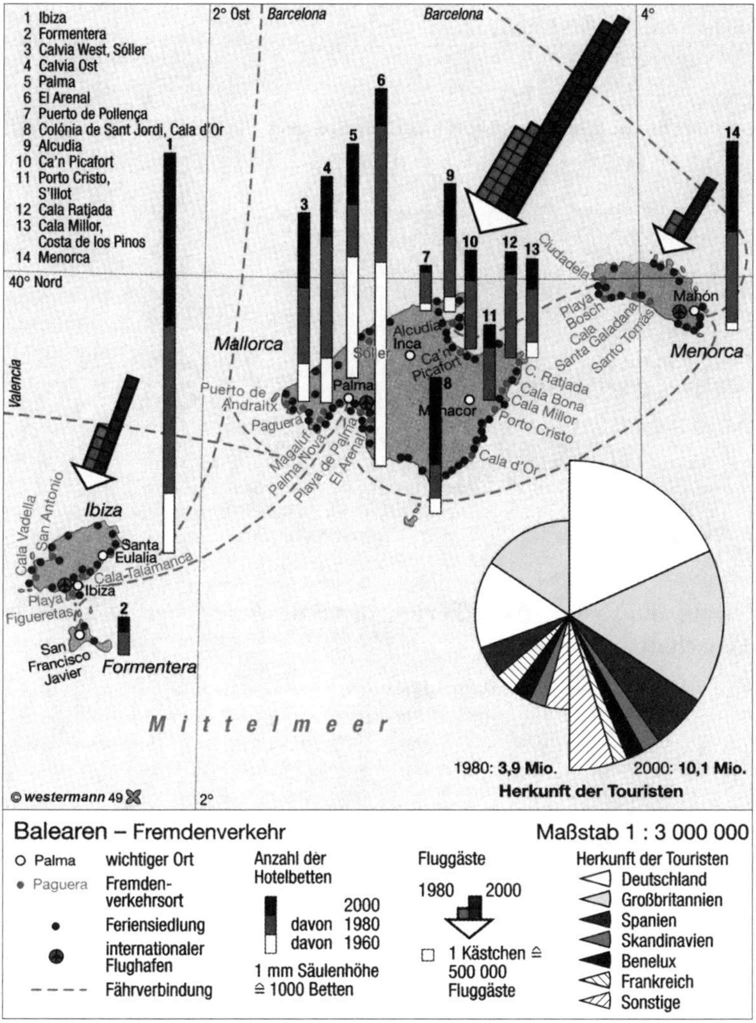

Quelle: Diercke Weltatlas, 5. Auflage 2002, S. 103, Karte 2. © Bildungshaus Schulbuchverlage Westermann Schroedel Diesterweg Schöningh Winklers GmbH

M 4 Touristische Eckdaten Spaniens

Angebot an Fremdenbetten auf den Balearen (Ende 2002)	
Anzahl	300 000
davon Mallorca	217 000
Prozentuale Verteilung des Hotelbettenangebots innerhalb Spaniens (2000)	
Balearen	24
Katalonien	18
Andalusien	14
Kanaren	11
Wichtigste Zielflughäfen deutscher Passagiere in Mio. (2003)	
London	3,3
Palma de Mallorca	2,7
Antalya	2,1
Paris	1,7

Quellen: Daten zu Fremdenbetten auf den Balearen: IBAE (Institut Balear d´Estadística); Daten zur prozentualen Verteilung des Hotelbettenangebots in Spanien: INE (Instituto Nacional de Estadística); Daten zu Zielflughäfen: Der Fischer Weltalmanach 2006. © Fischer Taschenbuch Verlag GmbH, Frankfurt/Main 2005

M 5 Bevölkerung und Erwerbsbevölkerung der Balearen nach Wirtschaftssektoren

Jahr	Bevölkerung insgesamt	primärer Sektor	sekundärer Sektor (+ Bauwesen)	tertiärer Sektor
1950	419 000	40 %	33 %	27 %
1960	442 00	32 %	32 %	36 %
1970	533 000	18 %	35 %	47 %
1981	656 000	10 %	31 %	59 %
1991	709 000	4 %	29 %	67 %
2001	842 000	2 %	24 %	74 %

Quelle: IBAE (Institut Balear d´Estadística)

M 6 Entwicklung der Touristenzahlen auf Mallorca zwischen 1960 und 2001

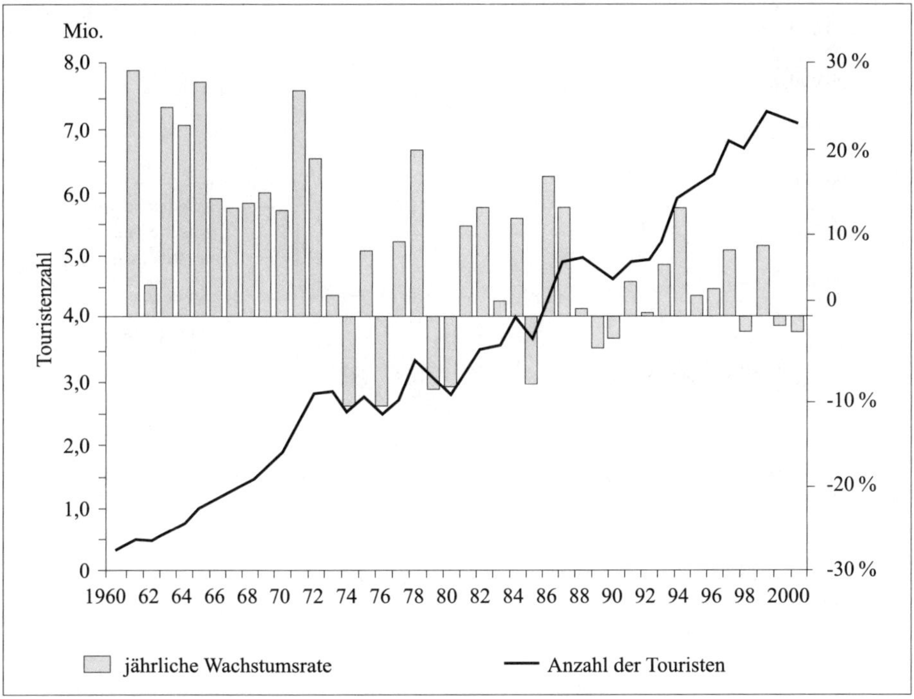

Quelle: Schmitt, Th.: „Qualitätstourismus" – eine umweltverträgliche Alternative der touristischen Entwicklung auf Mallorca? In: Geographische Zeitschrift 88 (2000), H. 1, S. 55.
Daten ab 1998: Breuer, T.: Ein Dauerplatz an der Sonne. Europas Rentner zieht es nach Süden. In: Praxis Geographie 2002, H. 3

M 7 Saisonalität der Touristen im Jahr 2001

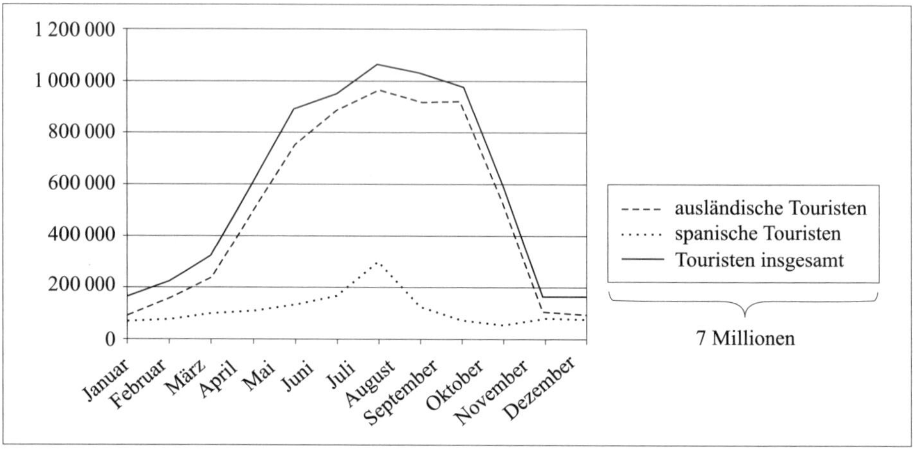

Quelle: eigene Darstellung, Datengrundlage: Govern de les Illes Balears, Conselleria de Turisme (http://turisme.caib.es/)

M 8 Entwicklung der Touristenankünfte per Flugzeug

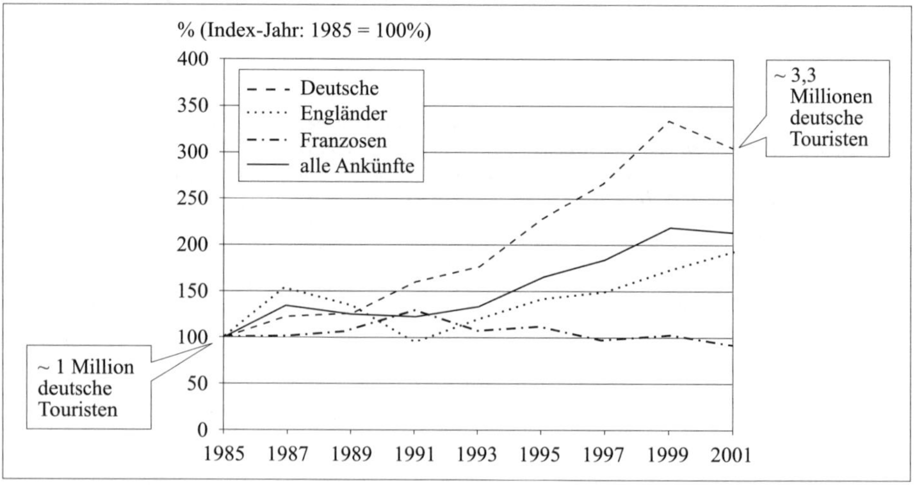

Quelle: eigene Darstellung, Datengrundlage: Govern de les Illes Balears, Conselleria de Turisme (http://turisme.caib.es/)

M 9 Strandabschnitt im Bereich einer Tourismushochburg auf Mallorca

Quelle: © Fotograf: Alexander Briel perez. Agentur: dreamstime.com

M 10 Wachstumszyklusmodell von R. W. Butler

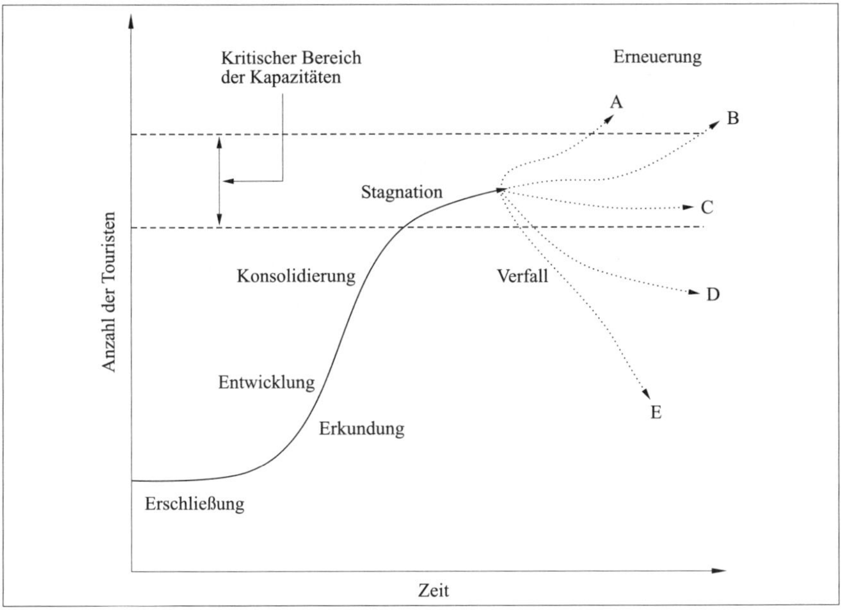

Quelle: nach Butler, R. W.: Concept of a tourism area cycle of evolution: Implications for a management of resources. Canadian Geographer 24, 1980 (verändert)

Hilfsmittel: Der an der Schule eingeführte Atlas

Bezüge der Aufgabe zu den „Vorgaben zu den unterrichtlichen Voraussetzungen für die schriftlichen Prüfungen im Abitur in der gymnasialen Oberstufe" im Jahr 2007

Inhaltlicher Schwerpunkt:

- Raumstrukturen und raumwirksame Prozesse im Spannungsfeld von wirtschaftlichen Disparitäten und Austauschbeziehungen
  - Wirtschaftsfaktor Fremdenverkehr in seiner Bedeutung für Quell- und Zielregionen

Lösungsvorschlag

Teilaufgabe 1

Bei dieser Aufgabe sollen Sie möglichst geordnete und genaue Angaben zu wichtigen naturräumlichen, sozial- und wirtschaftsgeografischen Faktoren auf den Balearen machen.

Die Voraussetzungen für den **Fremdenverkehr** auf den Balearen lassen sich mit Hilfe von naturräumlichen, sozial- und wirtschaftsgeografischen Aspekten verdeutlichen.

Günstige Voraussetzungen für Fremdenverkehr

Die spanische Inselgruppe liegt im westlichen Mittelmeer mit Mallorca als Hauptinsel, die auch die Hauptstadt Palma beherbergt (Atlas). Sie wird geprägt durch **mediterranes Klima** mit trockenen, heißen Sommern (wärmster Monat über 22° C) und zum Teil niederschlagsreichen, milden Wintern (kältester Monat 18° C bis –3° C). In den tieferen Lagen kommen Frostperioden bei diesen Klimaverhältnissen praktisch nicht vor (M 2, Atlas).

Die Balearen können vom Standpunkt der touristischen Erreichbarkeit her leicht und preiswert per Charterflug angeflogen werden (M 3, M 8). Zudem verfügen die weitläufigen Küstenregionen der spanischen Inselgruppe über ausgedehnte Strände (M 9). Auch Beherbergungskapazitäten sind in umfangreicher Weise vorhanden (M 2, M 4).

Teilaufgabe 2

Beim „Kennzeichnen" müssen Sie einen Sachverhalt auf der Basis bestimmter Kriterien begründet charakterisieren. Kernmaterial ist M 6. Dieses Material sollte zur Darstellung der Entwicklung in verschiedene Zeitabschnitte unterteilt und mit weiteren Materialien verknüpft werden.

Phasenweise Entwicklung des Tourismus

Der erste Zeitabschnitt der Entwicklung des Tourismus verläuft von 1960 bis 1973. Dies ist die Initialphase des Massentourismus auf den Balearen bzw. auf Mallorca. Im Hinblick auf die Nachfrage bedeutet dies, dass die Zahl der Touristen von circa 360 000 Touristen im Jahr 1960 auf etwa 2,5 Mio. im Jahr 1972 anstieg. Dies war verbunden mit einer starken **Verbauung** der Küsten und entsprechender **Flächenversiegelung** (M 6, M 9).

Der zweite Zeitabschnitt verläuft von 1973 bis 1981. Die **Ölkrise** führte erstmals zu sinkenden Touristenzahlen und bewirkte einen Rückschlag für die Touristenentwicklung und die dazugehörenden Sektoren (M 6).

Der dritte Zeitabschnitt umfasst die Jahre 1981 bis 1988. Ein zweiter **Tourismusboom** brachte eine Verdoppelung der Touristenzahl auf etwa 5 Millionen mit sich (M 6).

Der vierte Zeitabschnitt beinhaltet die Jahre 1988 bis 1991 und stellt das Ende der zweiten Boomphase dar (M 6, M 8).

Der fünfte Zeitabschnitt verläuft von 1991 bis 2001. Die Zahl der Touristen steigt bis 1999 auf die Rekordzahl von 7,25 Millionen Urlaubern an. Die hohe Nachfrage begründet sich zum größten Teil in der deutschen Wiedervereinigung und in der Öffnung osteuropäischer Märkte (M 6, M 8).

Saisonalität des Tourismus

Der Fremdenverkehr auf den Balearen ist durch eine ausgeprägte **Saisonalität** (60 % der Touristenankünfte in den Sommermonaten Juni bis September) geprägt. Die Saisonalität beruht auf den ausländischen Touristen. Die Spanier reisen dagegen relativ gleichmäßig über das Jahr verteilt an (M 7).

Strukturwandel

Die Entwicklung des Tourismus auf den Balearen ist auch durch eine sinkende **Agrarerwerbsquote** gekennzeichnet (von 1950–2001 Rückgang von 40 % auf 2 %). Im gleichen Zeitraum stieg der Anteil der Erwerbsbevölkerung im **tertiären Sektor** von 27 auf 74 % (M 5). Hier vollzog sich eine Umwandlung der traditionell agrarisch orientierten Gesellschaft in eine moderne **Dienstleistungsgesellschaft** mit einer **monostrukturierten Ausrichtung auf den Tourismus**.

Teilaufgabe 3

Bei der abschließenden Teilaufgabe geht es darum, ein Modell mit seinem hohen Abstraktionsgehalt und seiner Reduktion auf wenige Entwicklungsstufen auf seine mögliche Anwendbarkeit auf einen realen Sachverhalt hin zu überprüfen.

Vergleich des Modells mit der Entwicklung auf den Balearen

Das **Wachstumszyklusmodell** von R. W. Butler lässt sich nur zu einem Teil auf die touristische Entwicklung der Balearen übertragen. Das vorliegende Modell umfasst sechs Stufen (M 10):

- Die Stufen 1 und 2 (**Erschließung** und **Erkundung**) lassen sich anhand des vorhandenen Materials für Mallorca und die Balearen nicht feststellen (M 6 und M 10).
- Stufe 3 (**Entwicklung**): Von 1960 bis 1972 ist auf Mallorca ein Anstieg der Nachfrage und eine boomartige Entwicklung des Tourismus zu beobachten (M 6 und M 10).
- Stufe 4 (**Konsolidierung**) bzw. Stufe 5 (**Stagnation**): Von 1973 bis 1980 verkleinern sich die Zuwachsraten, und es herrscht negatives Wachstum (M 6 und M 10).
- Stufe 6 (**Erneuerung/Verfall**): Ab 1980 entwickelt sich die Tourismusregion weiter. Die Touristenzahlen verdoppeln sich innerhalb von 20 Jahren (M 6 und M 10). In Mallorca kam es nach einer Phase der Konsolidierung bzw. Stagnation zu einer Erneuerung im Wachstum des Tourismus und nicht zu einem – laut Modell auch möglichen –Verfall.

Zusammenfassung und Fazit

Die an den Balearen und Mallorca erarbeiteten Ergebnisse lassen sich auf bestimmte Stufen des Wachstumszyklusmodells von Butler übertragen. Es wird deutlich, dass zeitliche Entwicklungen – hier im Tourismus – Regeln unterliegen. Wegen der hohen Abstraktion und der Reduktion auf wenige Stufen hat das Modell andererseits wiederum nur eine begrenzte Aussagefähigkeit für die individuellen Prozesse auf den Balearen.

Als **Fazit** lässt sich festhalten: Regelhaftigkeiten eines Modells sind in einem Raumbeispiel stets in unterschiedlichem Maße repräsentiert. Welchen weiteren Weg die Entwicklung des Tourismus auf den Balearen nehmen wird, ist noch ungewiss.

Abiturprüfung Erdkunde (NRW) – Aufgabe 3: Globalisierung und Tertiärisierung als Grundlage für unbegrenztes wirtschaftliches Wachstum? Das Beispiel Irland

Aufgabenstellung

1. Erklären Sie den wirtschaftlichen Aufschwung Irlands und seine Auswirkungen auf den Raum.
2. Bewerten Sie die weitere wirtschaftliche Entwicklung Irlands im Sinne der Themenstellung.

Materialgrundlage

M 1 Geeignete Atlaskarten

M 2 Ausgewählte Strukturdaten Irlands, Deutschlands und der Europäischen Union (EU 15) im Vergleich

Irland

in %	86–90	91–95	1997	2000	2001	2002	2003	2004	2005
BIP-Wachstum	4,6	6,2	10,6	9,2	6,2	6,1	4,4	4,5	4,4
Erwerbstätigenwachstum	1,1	1,9	3,2	4,6	3,0	1,8	2,0	3,1	–
Arbeitslosenquote	15,5	14,5	9,8	4,3	3,9	4,3	4,6	4,5	–

Deutschland

in %	86–90	91–95	1997	2000	2001	2002	2003	2004	2005
BIP-Wachstum	3,4	1,3	1,4	3,2	1,2	0,1	−0,2	1,6	0,9
Erwerbstätigenwachstum	1,5	−1,4	−0,2	1,9	0,4	−0,6	−1,0	0,4	–
Arbeitslosenquote	5,9	8,5	11,4	7,2	7,4	8,2	9,0	9,5	–

EU 15

in %	86–90	91–95	1997	2000	2001	2002	2003	2004	2005
BIP-Wachstum	3,3	1,5	2,7	3,9	1,9	1,1	1,1	2,3	1,5
Erwerbstätigenwachstum	1,3	−0,5	0,5	2,2	1,5	0,7	0,3	0,7	–
Arbeitslosenquote	8,9	10,0	10,6	7,6	7,2	7,6	7,9	8,0	–

Quellen: http://epp.eurostat.cec.eu.int/portal/page?_pageid=1090,1&_dad=portal&_schema=PORTAL (Zugriff am 21.02.2006)

M 3 Körperschaftssteuer in ausgewählten EU-Ländern (2005)

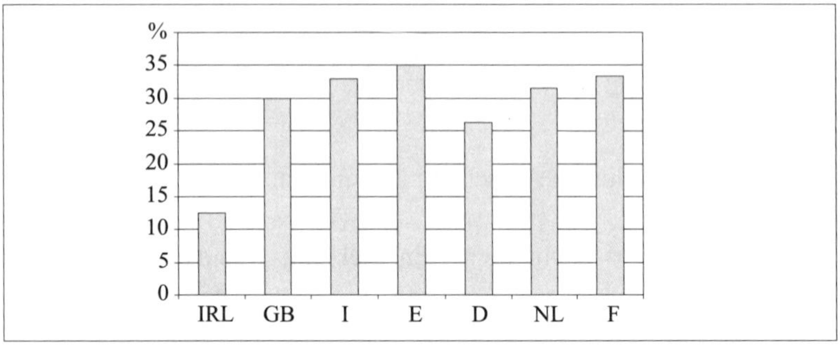

Quelle: http://www.idaireland.com/home/index.aspx?id=659 (Zugriff am 21.02.2006)

M 4 Arbeitskosten je Arbeiterstunde im verarbeitenden Gewerbe im Jahr 2004 in Euro

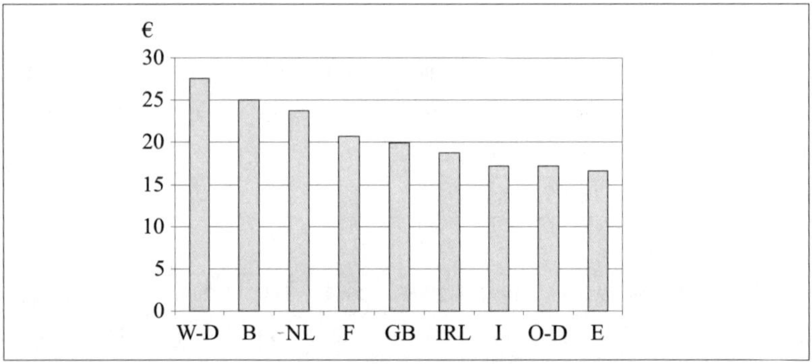

Quelle: © Institut der deutschen Wirtschaft Köln, Argumente zu Unternehmensfragen, Nr. 9 vom 01.09.2005

M 5 Ausländische Direktinvestitionen (ADI), getätigt von EU-25 im Jahr 2003

	Mrd. Euro
Vereinigtes Königreich	+ 36
Niederlande	+ 13
Schweden	+ 12
Deutschland	– 9
Finnland	– 9
Irland	– 21

Anmerkung:
Dargestellt sind die Netto-DI-Abflüsse, d. h. die Differenz zwischen den DI-Abflüssen und den DI-Zuflüssen. Die Mitgliedstaaten, in denen der Wert der Netto-DI-Abflüsse positiv ist, sind Nettoinvestoren in der übrigen Welt, während es sich bei den Mitgliedstaaten mit einem negativen Wert um Nettoempfänger von DI-Kapital handelt.

Quelle: http://epp.eurostat.cec.eu.int/cache/ITY_OFFPUB/KS-NJ-04-052/DE/KS-NJ-04-052-DE.PDF (Zugriff am 20.03.2006)

M 6 Ausgewählte Produktionskennziffern verschiedener Industriezweige in Irland (Basisjahr 1995 = 100)

Industriezweig	**1997**	**1999**	**2001**	**2003**
Textil	100	91	77	47
Leder	69	83	63	36
Papier und Druck	132	180	170	213
Chemie	163	291	403	520
Metallverarbeitung	105	115	110	100
Elektronik	131	175	250	257
Verarbeitende Industrie	129	181	230	266
Konsumgüterindustrie	128	178	227	261
Gesamt	**127**	**174**	**221**	**254**

Quelle: Central Statistics Office Ireland (CSO): Statistical Yearbook of Ireland 2004. © Government of Ireland 2004 (abrufbar unter www.cso.ie/releasespublications/documents/statisticalyearbook/2004/statisticalyearbook2004.pdf, Zugriff am 09.06.2006)

M 7 Beschäftigung in Irland nach Sektoren in %

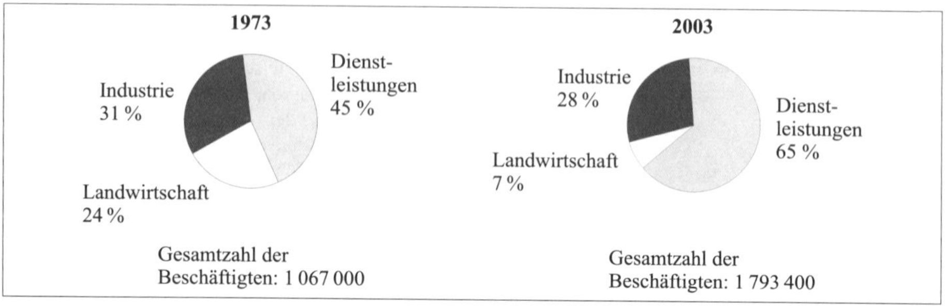

Quelle: Central Statistics Office Ireland (CSO): Statistical Yearbook of Ireland 2004. © Government of Ireland 2004 (abrufbar unter www.cso.ie/releasespublications/documents/statisticalyearbook/2004/statisticalyearbook2004.pdf, Zugriff am 09.06.2006)

M 8 Industriebeschäftigte in irischen und ausländischen Unternehmen nach Counties 1976 und 1996

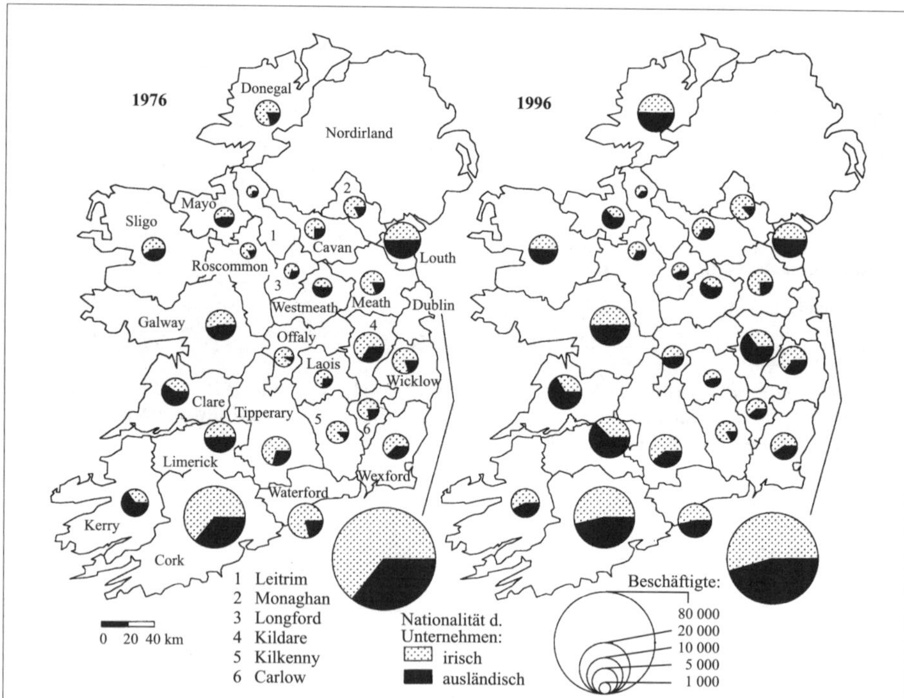

Quelle: © G. Glebe, Universität Düsseldorf. In: Haase, T.: Manufacturing Employment, 1976–1995, Baseline Data Report, Dublin 1996

M 9 Flächenmäßige Verteilung der 30 umsatzstärksten ausländischen Industriebetriebe in Irland im Jahr 2000

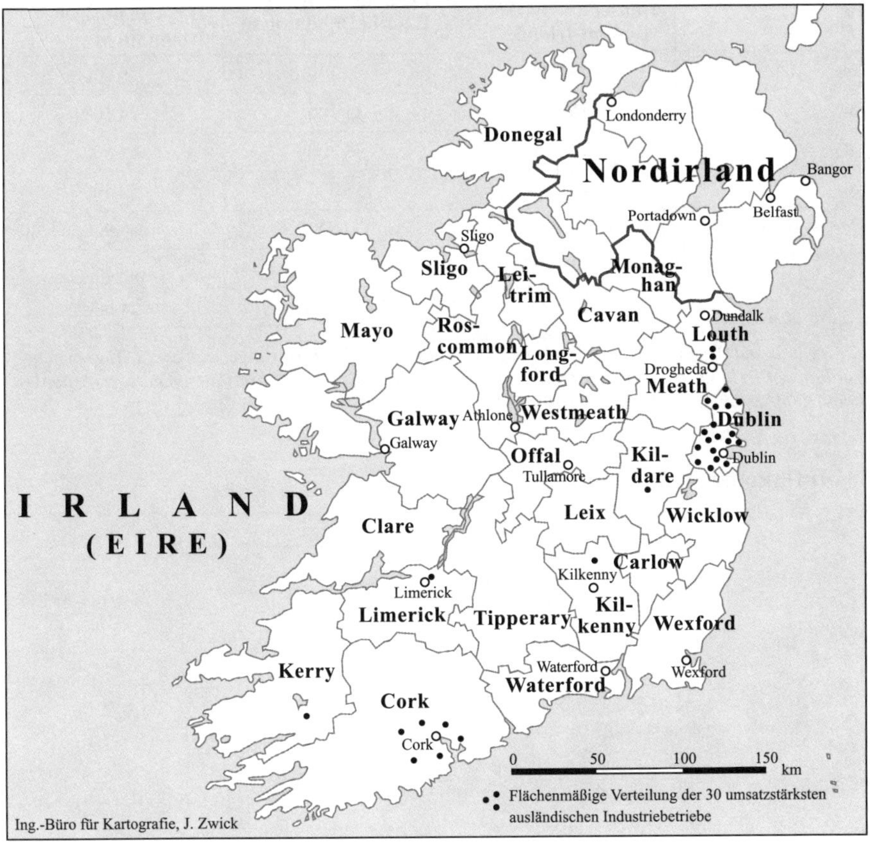

Quelle: Karte: © J. Zwick, Ingenieurbüro für Kartografie, Gießen; Daten: http://www.local.ie/content/ 22315.shtml

M 10 Durchschnittlicher Preis eines neuen Hauses

Jahr	Anzahl neuer Häuser (Gesamt-Irland)	Preis für ein neues Haus in Dublin (in €)	Preis für ein neues Haus im übrigen Irland (in €)
1973	24 660	9 200	9 000
1978	25 444	25 700	24 100
1983	26 138	48 200	44 500
1988	15 654	58 000	52 400
1993	21 391	75 600	69 900
1998	42 349	160 700	125 300
2003	68 819	291 600	224 600

Quelle: Ireland and the EU 1973–2003. Department of Environment, Heritage and Local Government; Central Bank of Ireland (abrufbar unter http://www.cso.ie/releasespublications/documents/ statistical-yearbook/2004/ireland&theeu.pdf, Zugriff am 11.05.06)

M 11 Inflationsrate in Irland

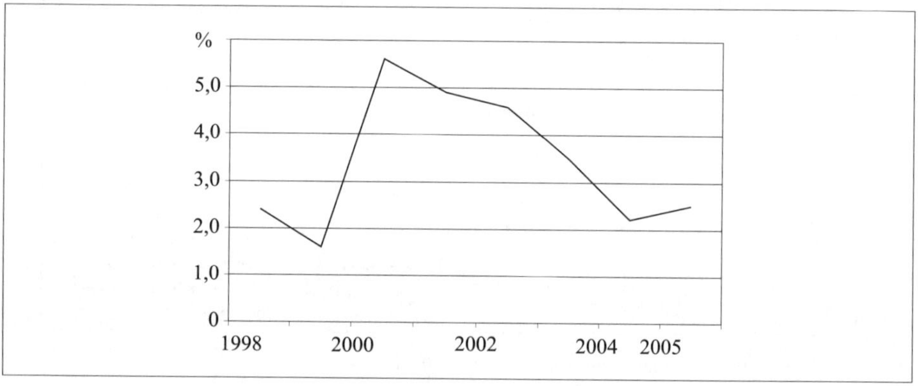

Quelle: nach Central Statistics Office Ireland (CSO) (abrufbar unter http://www.cso.ie/releasespublications/documents/prices/current/cpi.pdf; Zugriff am 15.04.2006)

Hilfsmittel: Der an der Schule eingeführte Atlas

Bezüge der Aufgabe zu den „Vorgaben zu den unterrichtlichen Voraussetzungen für die schriftlichen Prüfungen im Abitur in der gymnasialen Oberstufe" im Jahr 2007

Inhaltliche Schwerpunkte:
- Raumstrukturen und raumwirksame Prozesse im Spannungsfeld von wirtschaftlichen Disparitäten und Austauschbeziehungen
  - Wandel von Standortfaktoren in seiner Wirkung auf industrieräumliche Strukturen
  - Wandel städtischer Strukturen unter dem Einfluss der Tertiärisierung

Für die Lösung der Aufgabe sollten Sie außerdem Unterrichtswissen zu den Aspekten Tertiärisierung, Globalisierung, Disparitäten und Regionalisierung mitbringen.

Lösungsvorschlag

Teilaufgabe 1

Der Operator „erklären" (AFB II) verlangt, dass Sie Ihr Wissen über wirtschaftliches Wachstum mit den Informationen zum wirtschaftlichen Aufschwung Irlands und seinen Auswirkungen auf den Raum in Beziehung setzen.
Beginnen können Sie Ihre Ausführungen mit der Beschreibung der wirtschaftlichen Entwicklung Irlands in den letzten Jahren. Dann sollen Sie die Gründe für den wirtschaftlichen Aufschwung erläutern. In diesem Zusammenhang sollten Sie auf die Beschäftigungsstruktur Irlands eingehen und die Auswirkungen des Wirtschaftswachstums auf den Raum erklären.

Wirtschaftliche Entwicklung Irlands in den letzten Jahren

Der wirtschaftliche Aufschwung Irlands lässt sich an mehreren Entwicklungen festmachen. So konnte die irische Wirtschaft in den letzten Jahren beeindruckende Wachstumsraten aufweisen, die konstant zu den höchsten in Europa zählen. Irland verzeichnete zudem in den letzten 15 Jahren einen markanten Rückgang der **Arbeitslosenquote** und ein hohes **Erwerbstätigenwachstum**.

Die Arbeitslosenquote lag für Irland von 1986 bis 1995 durchschnittlich zwischen 14,5 % und 15,5 % und damit immer weit über dem Durchschnitt der Europäischen Union von 9 %. 1997 lag sie immer noch bei 9,8 %, nahm aber dann rapide ab. 2001 betrug sie nur noch 3,9 %. Der Rückgang der Arbeitslosenquote hatte auch Auswirkungen auf die absolute Zahl der Erwerbstätigen. Hier lagen die Zuwächse in den letzten Jahren bei durchschnittlich

3 % (M 2). Der Grund hierfür ist das seit Jahren hohe Wirtschaftswachstum des Landes. Das durchschnittliche Wachstum des realen Bruttoinlandprodukts lag im Zeitraum von 2000–2005 bei 4,5 % bis 9 %, allerdings bei abnehmender Tendenz (M 2). Das erstaunliche Wirtschaftswachstum wirkte sich somit positiv auf die Beschäftigung aus. Dass dies eine außergewöhnliche Entwicklung ist, beweist der Vergleich mit Deutschland und den Staaten der Europäischen Union (EU 15) (M 2).

Gründe für den wirtschaftlichen Aufschwung

Für den rasanten wirtschaftlichen Aufschwung Irlands gibt es mehrere Gründe. Irland hat im Vergleich mit anderen europäischen Staaten die mit Abstand geringste **Körperschaftssteuer**. Die Gewinne werden in der verarbeitenden Industrie und ausgewählten Dienstleistungsbereichen mit nur 12,5 % versteuert (M 3). Nach Spanien, Ostdeutschland und Italien (alle ca. € 17,-) ist Irland mit ca. € 19,- das Land mit den niedrigsten Personalkosten je Stunde im verarbeitenden Gewerbe (M 4). Dieser Aspekt spielt bei der Standortsuche der **Global Player** eine wichtige Rolle.

Irland zählt innerhalb der EU auch zu den Ländern, die den höchsten Zufluss an **ausländischen Direktinvestitionen** verzeichnen. Dabei handelt es sich um Kapitalanlagen von ausländischen Firmen in Irland (M 5).

Der wirtschaftliche Aufschwung Irlands lässt sich ebenfalls anhand der Produktionskennziffern verschiedener Industriezweige nach den jeweiligen Branchengruppen erkennen (M 6). Die High-Tech-Bereiche (**Wachstumsindustrien**) Chemie und Elektronik sowie die verarbeitende Industrie und die Konsumgüterindustrie verzeichnen die höchsten Zuwachsraten im industriellen Sektor. Weitere Industriebereiche weisen in diesem Zeitraum ebenfalls Zuwachsraten auf. Ein typischer „Verlierer" ist die **Textilindustrie**. Gründe hierfür sind u. a. die Überschwemmung des irischen und europäischen Textilmarktes mit **Billigprodukten** aus den **Niedriglohnländern** Ost- bzw. Südostasiens und nun auch verstärkt aus Osteuropa. Weiterhin sind auch das Wegbrechen bisheriger Auslandsmärkte und der verschärfte Wettbewerb im Zuge der **Globalisierung** für die Schwächung der Textilindustrie verantwortlich.

Die positive wirtschaftliche Entwicklung Irlands hatte auch deutliche Auswirkungen auf die Beschäftigtenstruktur und -anzahl. Hier hat in den letzten zwei Jahrzehnten ein Wandel von einer im primären und sekundären Sektor tätigen Bevölkerung hin zu einer **Dienstleistungsgesellschaft** stattgefunden (**Tertiärisierung**). Dieser **Strukturwandel** ging mit einem starken Anstieg der Gesamtzahl der Beschäftigten einher (M 7).

Beschäftigungsstruktur Irlands

Die Auswirkungen des wirtschaftlichen Aufschwungs auf den Raum lassen sich anhand von M 8 und M 9 beschreiben. In allen Counties Irlands hat der Anteil der in ausländischen Industrieunternehmen Beschäftigten seit 1976 deutlich zugenommen, d. h. auch die stärker ländlich geprägten Counties im Zentrum sowie im Norden und Nordwesten Irlands haben davon profitiert. Das Verteilungsmuster der in ausländischen Industrieunternehmen Beschäftigten auf County-Ebene zeigt jedoch auch, dass die Entwicklung ungleichgewichtig zugunsten der größeren Städte und deren Umlandzonen verlief (M 8).

Räumliche Auswirkungen

Diese Verteilung wird noch deutlicher bei der Betrachtung der flächenmäßigen Verteilung der 30 umsatzstärksten ausländischen Industriebetriebe in Irland. Hier gibt es auffällige **Konzentrationstendenzen** um Dublin und mit Abstrichen um Cork herum (M 9). Als Ursachen hierfür können die bekannten **Standortfaktoren** großer Städte genannt werden, wie z. B. ein großes Angebot an qualifizierten Arbeitskräften durch die vorhandenen Schulen und Universitäten, eine gute Infrastruktur oder aber auch ein umfangreiches kulturelles Angebot.

Teilaufgabe 2

Den Schwerpunkt der Bearbeitung dieser Teilaufgabe stellt die Einbeziehung des Themas dar. Es gilt also, das wirtschaftliche Wachstum Irlands zu hinterfragen. Auf Grundlage der Materialien ist zu klären, ob es Aspekte gibt, die ein unbegrenztes Wachstum in Frage stellen. Weiterhin sind der Einfluss der Globalisierung und der Tertiärisierung auf das wirtschaftliche Wachstum zu bewerten, d. h. die Abhängigkeit vom Ausland zu analysieren.

Die Bewertung der weiteren wirtschaftlichen Entwicklung Irlands im Sinne der Themenstellung ist von mehreren Faktoren abhängig. Die hohe **Ansiedlungsdichte** ausländischer Unternehmen hat die irische Wirtschaft in ein globales Netzwerk multinationaler Firmen eingebunden. Betrachtet man die jüngsten Entwicklungen

Wirtschaftliche Entwicklung mit positiven und negativen Auswirkungen der irischen Wirtschaft mit ihrem stellenweise zweistelligen Wachstum und den seit Jahren rückläufigen Arbeitslosenzahlen, so ist das auf Auslandsinvestitionen basierende irische Wirtschaftswachstum als positiv zu bewerten.

Dennoch zeigen sich auch negative Seiten des rasanten Wirtschaftswachstums. In den letzten Jahren sind die Preise für **Immobilien** explosionsartig gestiegen. Dies gilt in besonderem Maße für Dublin. Innerhalb von fünf Jahren wurden Preissteigerungen von über 100 % registriert (M 10). In der Folge kam es zu einem dramatischen Anstieg der Lebenshaltungskosten und damit zu einer hohen Inflation mit Spitzenraten von 5,6 % um das Jahr 2000 (M 11).

Die regionale Entwicklung ist sehr unausgewogen. Sie hat sich in den letzten Jahren mit der anhaltenden Konzentrationstendenz zugunsten der **städtischen Agglomeration** Dublin und um Cork weiter verstärkt (M 8, M 9).

Das rasante Wirtschaftswachstum Irlands beruht zum großen Teil auf ausländischen Investitionen (M 5). Beim derzeitigen **Globalisierungsprozess** können die Global Player jederzeit ihre Produktions- und Dienstleistungszentren in das Land oder die Region verlegen, das die kostengünstigsten Standortbedingungen anbieten kann. Dies betrifft besonders die sog. **„footloose"-Industrien** (Industriebereiche, die nicht in erster Linie vom Vorhandensein von Rohstoffen abhängig sind, z. B. die Elektronikindustrie).

Abhängigkeit vom Ausland verhindert positive Prognose

Die im Thema gestellte Frage kann nicht eindeutig beantwortet werden. Es ist lediglich eine abwägende Antwort möglich.

Für eine weitere positive wirtschaftliche Entwicklung sprechen die Verringerung der Inflationsrate seit 2001, die eindeutige Ausrichtung der Wirtschaft auf den tertiären Sektor und die nach wie vor guten Standortfaktoren wie z. B. niedrige Steuern und Lohnkosten. Eindeutig negativ zu bewerten ist, dass das Wirtschaftswachstum zu einem überwiegenden Teil auf ausländischen Investitionen beruht. Diese können jederzeit anderswo eingesetzt werden und somit das Wirtschaftswachstum Irlands drastisch beeinflussen.

Grundkurs Erdkunde (NRW) – Aufgabe 4:
Aleppo – eine typische orientalische Stadt der Gegenwart?

Aufgabenstellung

1. Beschreiben Sie das traditionelle städtische Gefüge von Aleppo.
2. Erläutern Sie die Entwicklung dieser Stadt vom Mittelalter bis zur Neuzeit.
3. Überprüfen Sie, inwieweit Aleppo dem Modell der orientalischen Stadt entspricht.

Materialgrundlage

M 1 Geeignete Atlaskarten

M 2 Aleppo – Stadtansicht heute

Quelle: © ullstein bild

M 3 Kurze Historie Aleppos

Aleppo (arabisch Halab oder Haleb, im Altertum Beroea) ist die größte Stadt in Syrien. Sie wurde vor ca. 4 000 Jahren gegründet und war schon in der Antike aufgrund ihrer günstigen Lage an den Karawanenwegen und ihrer Nähe zum Mittelmeer (ca. 100 km) eine wichtige Handelsstadt zwischen Europa und Asien, wovon der großzügige, überwölbte Basar zeugt. Die Stadt wurde auf einer Hügelgruppe in einer fruchtbaren, breiten Senke auf beiden Seiten des Flusses Quwaiq errichtet und war wegen ihrer erhöhten Lage schon immer von strategischer Bedeutung.
Im Mittelalter gehörte Aleppo zunächst zum byzantinischen Reich, bevor die Stadt dann vom 6. bis 10. Jahrhundert in arabische Hände fiel. Im 11. Jahrhundert wurde zum Schutz gegen die Kreuzritter die gewaltige Festung der Stadt errichtet; diese mittelalterliche Zitadelle liegt auf einem ca. 50 m hohen Hügel. Von 1517 an gehörte Aleppo zum osmanischen Reich. Später stand die Stadt unter französischer Kolonialherrschaft. Seit 1920 gehört Aleppo zu Syrien.
Trotz ihrer bewegten Geschichte und der immer wieder wechselnden Herrschaft wurde Aleppo nie völlig zerstört; sie ist eine der ältesten, durchgehend bewohnten Städte der Welt. In den 50er-Jahren zerfiel die Altstadt (350 ha) von Aleppo; das Wasser- und Abwassersystem wurde vernachlässigt und viele Häuser erlitten irreparable Schäden. Seit 1986 gehört die Altstadt zum Weltkulturerbe der UNESCO und wird seit 1993 in Zusammenarbeit mit der Deutschen Gesellschaft für Technische Zusammenarbeit (GTZ) GmbH renoviert. Durch die Renovierung und Restaurierung soll dieser Teil der Stadt, der zu seiner Blütezeit ca. 200 000 Einwohner hatte – heute sind es nur noch knapp 100 000 Einwohner – wieder seine Attraktivität, auch für Touristen, zurückerhalten.
Wirtschaftlich bedeutend sind heute besonders die Teppichknüpferei, die Verarbeitung von Baumwolle und Seide zu feinen Stoffen und die Herstellung von Lederwaren. Die Edelmetalle Silber und Gold werden vor allem zu Schmuck verarbeitet.

Quelle: eigene Zusammenstellung

M 4 Bevölkerungsentwicklung in Aleppo

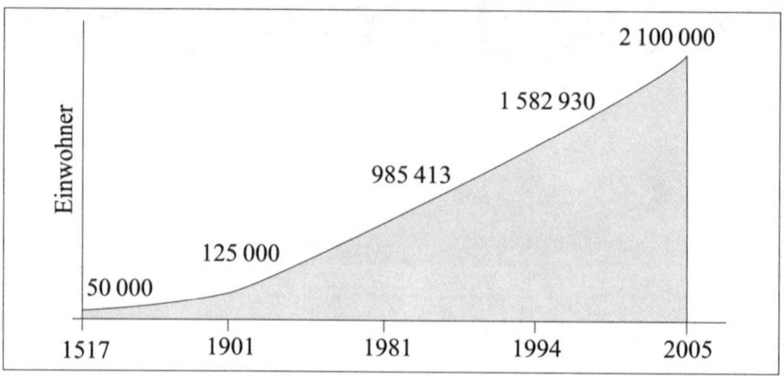

Quelle: eigene Darstellung, Datengrundlage: www.wikipedia.org (Zugriff am 04.04.06)

M 5 Stadtplan von Aleppo 1912

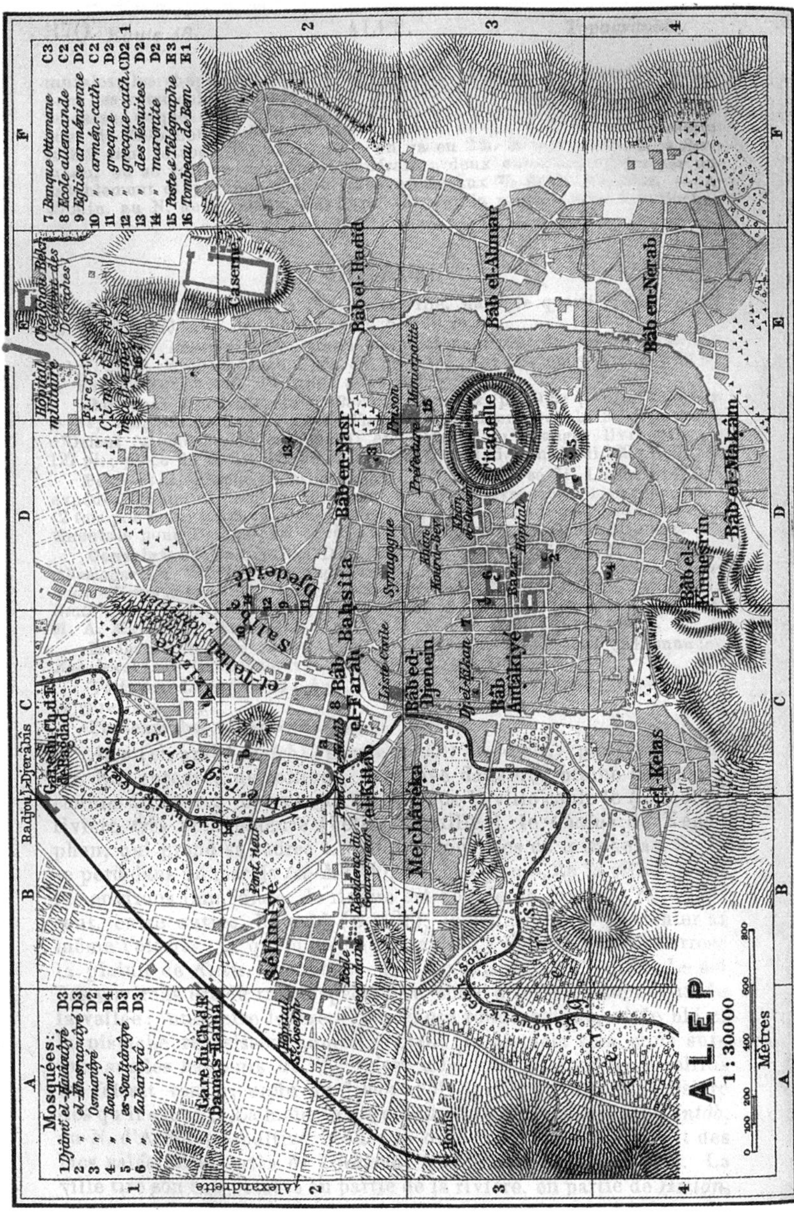

Quelle: Palestine et Syrie. Manuel du Voyageur par Karl Baedeker.
© Baedeker Verlag Ostfildern, 1912, S. 370

M 6 Stadtplan von Aleppo heute

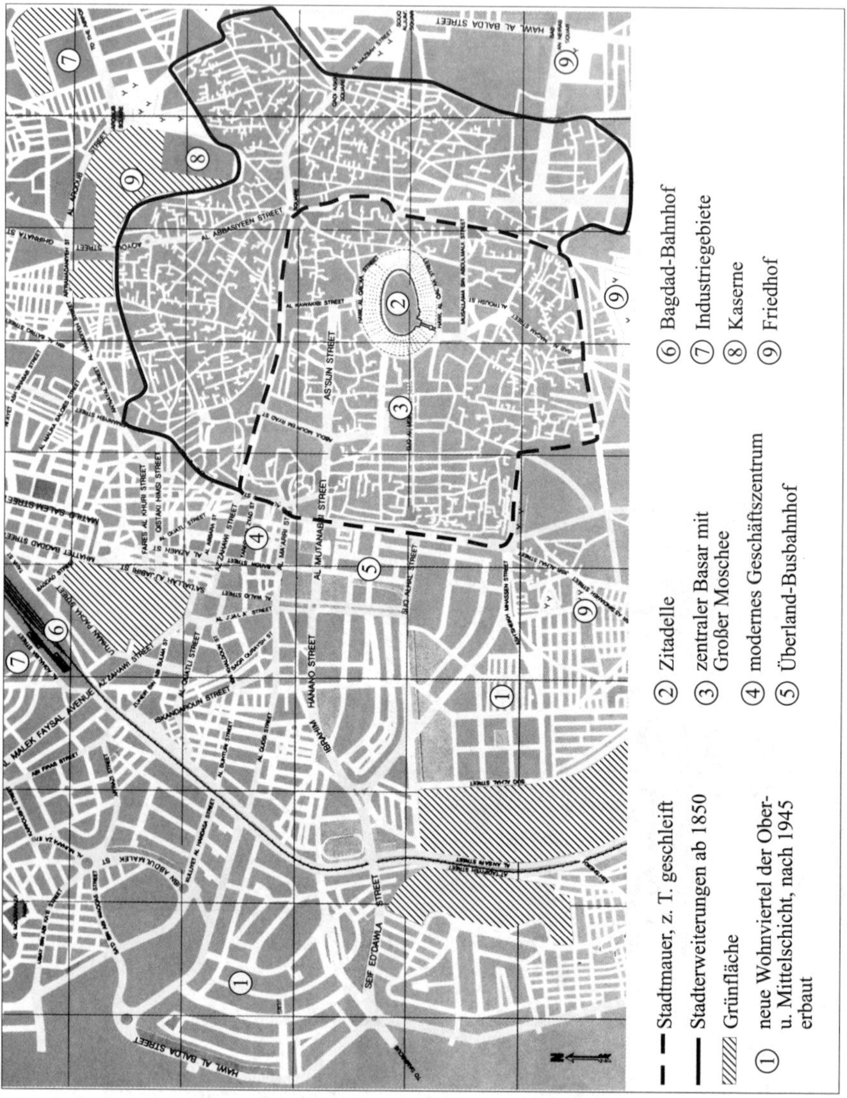

Quelle: eigene Darstellung, Kartengrundlage: www.syriatourism.org (Zugriff am 04.04.06)

M 7 a Modell der orientalischen Stadt (I)

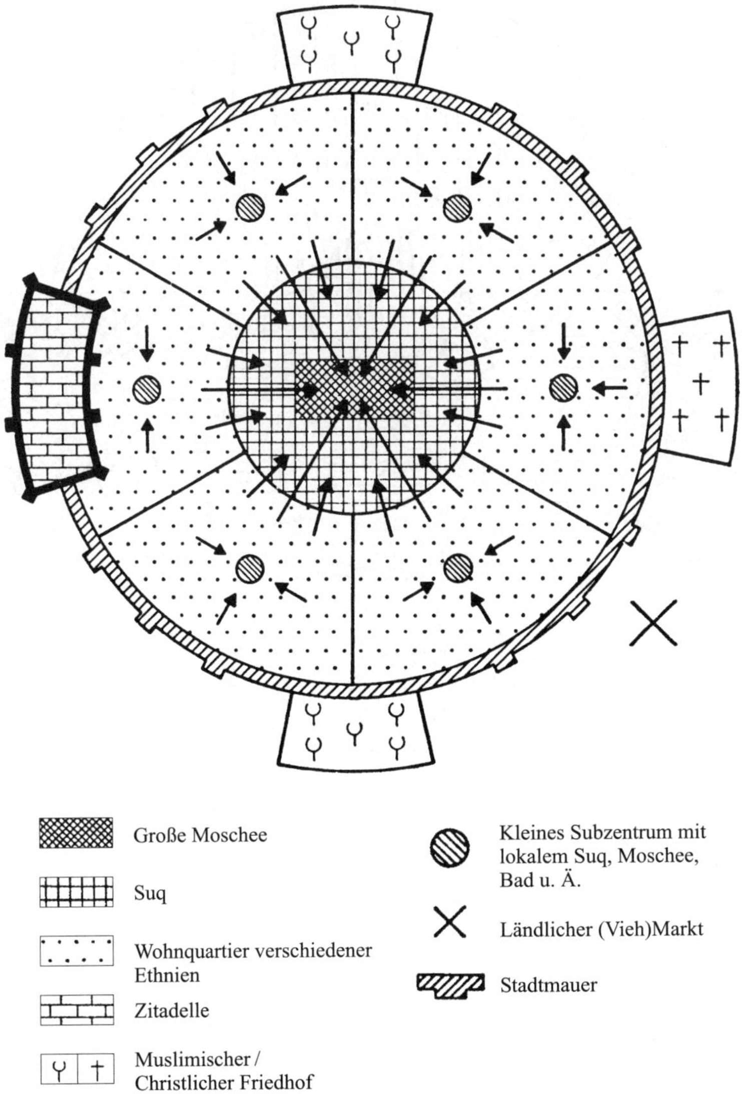

Quelle: Dettmann, K.: Damaskus. Eine orientalische Stadt zwischen Tradition und Moderne. Erlangen: Palm & Enke 1967

M 7 b Modell der orientalischen Stadt (II)

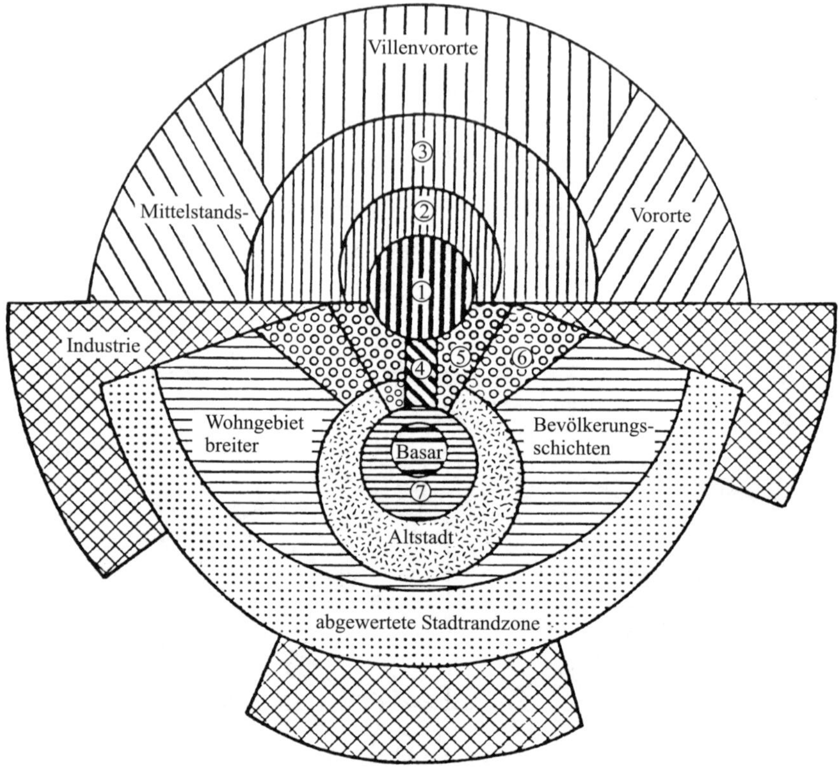

neues Zentrum:

① CBD-Kern, Hauptgeschäftstraßen westlichen Typs

② Randzone, jüngster Cityvorstoß in gehobenes Wohngebiet

③ Bereich moderner dichter Wohnbebauung

Übergangszone:

④ ältere Geschäftstraßen, abgewertet und „rückorientalisiert“

⑤ überrollte ältere Peripherie der Stadt mit frühen zentralen (Regierungs-) Funktionen

⑥ übrige ältere Villenzone

Altes Zentrum:

Basar und Palastbezirk

⑦ Basarrandbereich, jüngere funktionelle Ausweitung des Basars

Quelle: Seger, M.: Teheran. Eine stadtgeographische Studie. Wien: Springer, 1978

M 8 Funktionale Gliederung des Basars von Aleppo

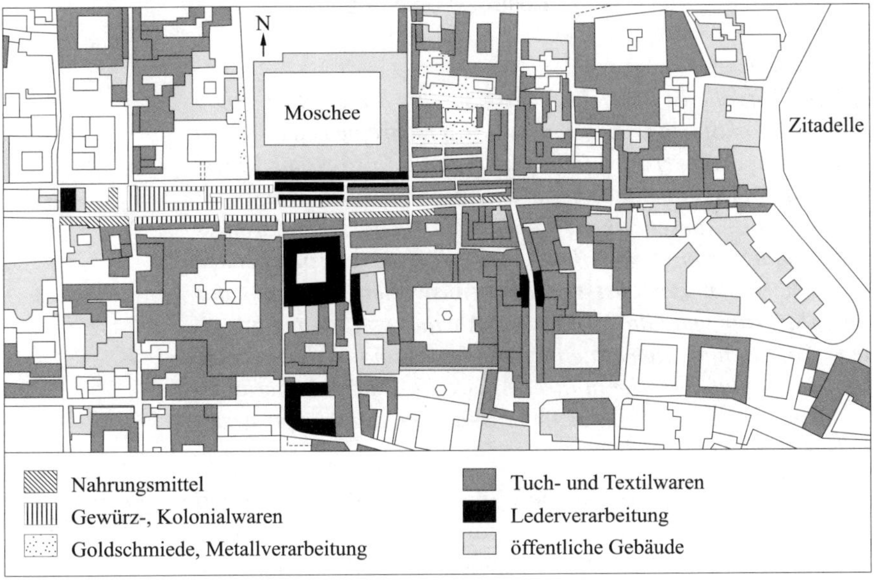

Quelle: eigene Darstellung

Hilfsmittel: Der an der Schule eingeführte Atlas

Bezüge der Aufgabe zu den „Vorgaben zu den unterrichtlichen Voraussetzungen für die schriftlichen Prüfungen im Abitur in der gymnasialen Oberstufe" im Jahr 2007

Inhaltliche Schwerpunkte:

- Raumstrukturen und raumwirksame Prozesse im Spannungsfeld von wirtschaftlichen Disparitäten und Austauschbeziehungen
  - Wandel von Standortfaktoren in seiner Wirkung auf industrieräumliche Strukturen
  - Zentralität als Ausdruck funktionaler Verflechtung im städtischen und ländlichen Raum
- Raumstrukturen und raumwirksame Prozesse im Spannungsfeld von Aktionen und Konflikten sozialer Gruppen, Staaten und Kulturgemeinschaften
  - Siedlungsstrukturen als Ausdruck sich wandelnder Gegebenheiten im lateinamerikanischen und orientalischen Kulturraum sowie veränderter politischer Leitbilder

Lösungsvorschlag

Teilaufgabe 1

Bei dieser Aufgabe ist es wichtig, dass Sie alle Materialien genau ansehen, bevor Sie Ihre Ergebnisse niederschreiben, da sowohl M 2 (Foto), M 3 (Text), M 4 (Diagramm), M 5 (historische Karte) als auch M 7 a (Stadtmodell) berücksichtigt werden müssen.

Der Operator „beschreiben" entspricht dem Anforderungsbereich I und verlangt von Ihnen, dass Sie die entsprechenden Arbeitsmaterialien zunächst gründlich auswerten, um dann das Gefüge (Struktur und Gliederung) der Altstadt von Aleppo mit eigenen Worten und fachsprachlich angemessen wiederzugeben.

Achten Sie darauf, dass Sie in Ihrer Auswertung keine Materialien verwenden, die sich auf die aktuelle Situation von Aleppo beziehen (Teil Aufgabe 2)!

Geografische Einordnung

Aleppo ist mit 2,1 Mio. Einwohnern die **größte Stadt in Syrien** (M 3, M 4). Es handelt sich um eine im Lauf vieler Jahrhunderte gewachsene Stadt (M 2), deren besonderes Wahrzeichen die im 11. Jahrhundert errichtete Zitadelle ist, die als Schutz gegen die Kreuzritter auf einem 50 m hohen Hügel erbaut wurde (M 3). Um die Zitadelle herum ist die Altstadt mit ihrem für die **orientalische Stadt charakteristischen Sackgassensystem** erkennbar, die von einer **Stadtmauer** mit mehreren Stadttoren umgeben ist (M 5). Traditionell dienten das Sackgassensystem der orientalischen Altstadt sowie die in jedem Haus befindlichen **Innenhöfe** dem Schutz der Privatsphäre, die **Stadtmauer** und die zu schließenden Stadttore dem Schutz der ganzen Stadt (Unterrichtswissen).

Soziale Gliederung

Funktionale Gliederung der Altstadt

Die **Moschee war immer das religiöse Zentrum** der Stadt, wohingegen die **Zitadelle (Kasbah)** traditionell als **politisches Zentrum** und der **Basar (Suq)** als **wirtschaftliches Zentrum** gekennzeichnet werden kann. Um den Basar herum, der vor allem der Deckung des täglichen und periodischen Bedarfs diente, finden sich die **Wohnviertel (Quartiere)** mit verschiedenen ethnischen und religiösen Bevölkerungsgruppen (islamisch, jüdisch, christlich). Allerdings verfügten die einzelnen Viertel oftmals über eigene kleinere Basare, Badehäuser und Moscheen (M 7 a, Unterrichtswissen).

Das Straßennetz in der orientalischen Stadt war, neben dem **Sackgassensystem**, regelmäßig und geradlinig angelegt. So verliefen **breitere Hauptverbindungsachsen**, die die eigentlichen Verkehrsadern darstellten, von den Stadttoren aus bis zum Basar. Diese breiteren Straßen stellten die Belieferung des Basars mit Waren und Gütern sicher (M 5, M 7 a, Unterrichtswissen).

Straßennetz

Die **einzelnen Branchen im Basar** waren immer konzentriert gelegen und ihrer abnehmenden Bedeutung entsprechend vom Zentrum zur Stadtmauer hin angesiedelt. So finden sich Gewürz- und Kolonialwaren, Nahrungsmittel sowie Goldschmieden bzw. Metallverarbeitung in unmittelbarer Nähe zur Moschee, gefolgt von Lederverarbeitung, Tuch- und Textilwaren, wohingegen Gebäude mit öffentlichen Funktionen (z. B. Verwaltungseinrichtungen, Schulen, Bäder etc.) weiter entfernt vom religiösen Zentrum lagen (M 8).

Funktionale Gliederung des Basars

Aleppo war aufgrund seiner Lage an den Karawanenwegen und seiner Nähe zum Mittelmeer (ca. 100 km Entfernung bis zur Küste) schon immer eine wichtige Handelsstadt zwischen Europa und Asien (M 3). Der Reichtum der Stadt spiegelt sich unter anderem auch bei der Gestaltung des Basars wider, der teilweise mit Gewölben überdacht war. Dem Schutz vor der sengenden Sonne diente die zweckmäßige Überdachung einzelner Basarteile mit großen Tüchern (Unterrichtswissen).

Außerhalb der Stadtmauer fanden sich in der orientalischen Stadt lediglich die Friedhöfe und die ländlichen (Vieh-)märkte (M 7 a).

Teilaufgabe 2

Der Operator „erläutern" ist dem Anforderungsbereich II zuzuordnen und impliziert eine Verdeutlichung von Sachzusammenhängen. Das besondere Augenmerk bei dieser Aufgabe liegt auf den Veränderungen der Stadt Aleppo vom Mittelalter bis zur Neuzeit. Bei der detaillierten Beschreibung und Erklärung der Veränderungen müssen Sie unbedingt auch die demografische Entwicklung in der Stadt Aleppo berücksichtigen sowie M 7 a und M 7 b auswerten.

Bei der Entwicklung Aleppos ist besonders die **Ausdehnung** der Stadt **über die Stadtmauer hinaus** auffällig. 1912 kann man bereits eine Erweiterung der Stadt über die noch intakte Stadtmauer hinaus erkennen (M 5). Zum damaligen Zeitpunkt dehnte

Physiognomische Veränderungen

sich die Stadt vor allem nach Norden und Osten aus. Beispielsweise findet man um diese Zeit schon eine Militärkaserne nordöstlich der Stadtmauer, die auch in aktuellen Karten noch verzeichnet ist (M 6). Eine Überschreitung des Flusses Quwaiq mit Siedlungsflächen kann nach Westen nur punktuell festgestellt werden. Die Flächen entlang des Flusses wurden vorwiegend landwirtschaftlich genutzt.

Gründe für die Ausdehnung

Als Gründe für die Ausdehnung der Stadt über die Stadtmauer hinaus sind vor allem das **Bevölkerungswachstum** sowie die allgemeine **Verwestlichung orientalischer Städte** zu nennen. So stieg die Bevölkerungszahl vom späten Mittelalter von 50 000 (1517) über 125 000 Einwohner im Jahre 1901 bis auf die Zahl von 2,1 Millionen im Jahre 2005 (M 4).

Obwohl die Einwohnerzahl Aleppos insgesamt rapide zunahm, verringerte sich im gleichen Zeitraum die Anzahl der in der Altstadt lebenden Menschen. Diese Veränderung lässt sich durch den allmählichen **Verfall** und die **Vernachlässigung der Altstadt** durch die zuständigen Behörden erklären. Gleichzeitig wurden jenseits der zum Teil geschleiften Stadtmauer attraktive, **neue Wohnviertel** errichtet, die auf die Bevölkerung eine große Anziehungskraft ausüben. Innerhalb von ca. 20 Jahren verlor die Altstadt Aleppos die Hälfte ihrer Einwohner und diente nur noch knapp 100 000 Menschen als Wohnort (M 3).

Aleppo heute

Auf dem heutigen Stadtplan fallen besonders die geradlinigen, breiten Straßen auf, die die Altstadt nicht nur teilweise zerschneiden, sondern diese mit den vorwiegend westlich der Stadtmauer gelegenen, im westlichen Baustil errichteten Wohnvierteln verbinden (M 6). Diese Viertel lassen sich aufgliedern in die **Wohnviertel der Ober- und Mittelschicht** – attraktiv in der Nähe von Grünflächen und modernen Geschäftszentren gelegen – sowie in die **Wohnviertel der niederen Schichten**, die sich primär in der Nähe der Industriegebiete und der Bahnlinie wiederfinden. Die **Industriegebiete** befinden sich außerhalb der Altstadt und den angrenzenden Wohnvierteln. Die **Bahnlinie** und die **Überlandbusse** verbinden Aleppo mit anderen wichtigen Städten Syriens und gewährleisten den Güter- und Personenverkehr über die Stadtgrenzen hinaus (M 6, M 7 b).

Im Zuge der städtischen Expansion ist eine Verdrängung der stadtnah gelegenen Felder und Gärten zu verzeichnen (M 5, M 6). Das Zentrum der Stadt besitzt nun **zwei Kerne** (vgl. auch M 7 b): Neben der traditionellen Mitte mit dem Basar findet sich innerhalb der neu errichteten Viertel nun eine **moderne City** mit **CBD**, öffentlichen Gebäuden und westlich orientierten Geschäftsvierteln. In diesen Geschäftsvierteln werden hochpreisige Produkte angeboten, die auf die Bedürfnisse der gehobenen Schichten und der Touristen ausgerichtet sind. Neben den Geschäften sind im CBD internationale Banken und Handelsvertretungen angesiedelt (Unterrichtswissen).

Funktionsveränderung der Altstadt

Insgesamt ist bezüglich der Altstadt eine **Funktionsveränderung** zu verzeichnen. So finden sich dort zwar noch traditionell ausgerichtete Geschäfte, doch sind diese mit niedrigem Preisniveau vor allem auf die sozial unteren Schichten ausgerichtet. Aufgrund der sehr dichten Bebauung der Altstadt und des erhaltenen Sackgassensystems kann dieser Teil der Stadt nur sehr eingeschränkt beliefert und befahren werden, sodass er für jüngere Generationen an **Attraktivität verloren** hat. Dazu kommt die Vernachlässigung durch die zuständigen Behörden und die so entstandenen gravierenden baulichen Schäden, die einen Teil der Altstadt unbewohnbar machten (M 3). In der **Altstadt** bleiben meist die **älteren Generationen** zurück, die zu fest verwurzelt sind, und sozial **niedere Schichten**, für die die Finanzierung einer modernen Wohnung unmöglich ist. Gerade **jüngere Generationen bevorzugen ein Leben in den neuen, modernen Wohnvierteln**, die ihren Bedürfnissen nach Modernität und Mobilität, Versorgung und Erholung eher gerecht werden (Unterrichtswissen).

Teilaufgabe 3

Der Operator „überprüfen“ (AFB III) verlangt eine detaillierte Untersuchung, inwieweit Aleppo dem Modell der orientalischen Stadt entspricht. Es ist für Sie daher wichtig, Merkmale der orientalischen Stadt, die aus den Modellen M 7 a/M 7 b ersichtlich sind, in der heutigen Stadt Aleppo wiederzufinden.

Zunächst sollten Sie für diese Aufgabe die Karte der heutigen Stadt Aleppo (M 6) mit dem zweiten Stadtmodell (M 7 b) vergleichen und auf Gemeinsamkeiten und Unterschiede hin untersuchen. Dabei müssen Sie die zu untersuchenden Phänomene selbst herausfinden und festlegen, bevor Sie in einem abschließenden Fazit mit Bezug zum Klausurthema Ihre persönliche Stellungnahme formulieren. Achten Sie darauf, dass Sie nicht zu viele Aspekte aus Teilaufgabe 2 wiederholen!

Das Modell der traditionellen orientalischen Stadt mit Moschee, Basar, Stadtmauer, Sackgassensystem und ethnisch segregierten Wohnvierteln mit Innenhofhäusern, wie in M 7 a dargestellt, hat in Aleppo einige Modifikationen erfahren: Der **Basar (Suq)** von Aleppo ist nach wie vor ein wirtschaftliches Zentrum der Stadt, doch hat er seine frühere überragende **Bedeutung verloren**. Die Deckung des täglichen und periodischen Bedarfs wird in der modernen Stadt von den verschiedenen, **westlich orientierten Geschäftsvierteln** übernommen, die außerhalb der Stadtmauer neu errichtet wurden (M 7 b). Hier findet sich heute auch das **politische Zentrum**, sodass die Zitadelle (Kasbah) diese Funktion verloren hat. Nach wie vor bildet jedoch die in der Altstadt gelegene **Moschee** das **religiöse Zentrum** (Unterrichtswissen).

Gemeinsamkeiten und Unterschiede

Infrastrukturelle Veränderungen sind hauptsächlich in der Straßenführung zu erkennen: Die Altstadt wird z. T. von **neuen, geradlinigen, breiten Straßen** durchschnitten, die als Verbindungsachsen zwischen alten und neuen Stadtvierteln zu sehen sind. Die Eisenbahntrasse und die Überlandbusse stellen die überregionale Verkehrsanbindung sicher (M 6). Trotzdem ist das **Sackgassensystem** in der Altstadt **erhalten geblieben**. Als weitere Veränderungen kommen die neuen **Wohn- und Geschäftsviertel** und die **Industriegebiete** außerhalb der Stadtmauer dazu, sodass man heute von einer **bipolaren Stadtstruktur** sprechen kann. Jedoch sind in der heutigen Stadt Aleppo alle Merkmale der orientalischen Stadt noch erhalten.

Ausblick auf die Zukunft

Die weitgehende **Erhaltung der Altstadt Aleppos** stellt für die Gegenwart und Zukunft ein **wichtiges Potenzial** dar. Aus diesem Grund wird die Altstadt unter anderem auch mit deutschen Finanzmitteln renoviert und restauriert (M 3). So wird sichergestellt, dass dieses Erbe für weitere Generationen nicht nur erhalten wird, sondern auch die Attraktivität für ein Leben in der Altstadt gesteigert werden soll. Gleichzeitig impliziert eine solche Wertsteigerung auch einen neuen Reiz für Touristen, die nicht nur für Aleppo, sondern auch für ganz Syrien wichtige **Devisenbringer** sind.

Fazit

Als Fazit lässt sich festhalten, dass die heutige Stadt Aleppo sowohl die Merkmale der traditionellen orientalischen als auch der modernen orientalischen Stadt aufweist und somit als eine typische orientalische Stadt der Gegenwart bezeichnet werden kann (Klausurthema).

Grundkurs Erdkunde (NRW) – Aufgabe 5
Städtewachstum ohne Ende? – Modellaussagen und ihre Übertragbarkeit auf ein Raumbeispiel: Bogotá – Kolumbien

Aufgabenstellung

1. Analysieren Sie die städtebauliche und sozialräumliche Entwicklung Bogotás.
2. Vergleichen Sie, inwieweit die historischen Querschnitte der spanisch-amerikanischen Stadt auf Bogotá übertragbar sind.

Materialgrundlage

M 1 Geeignete Atlaskarten

M 2 Wohnqualität und Sozialstruktur Bogotás

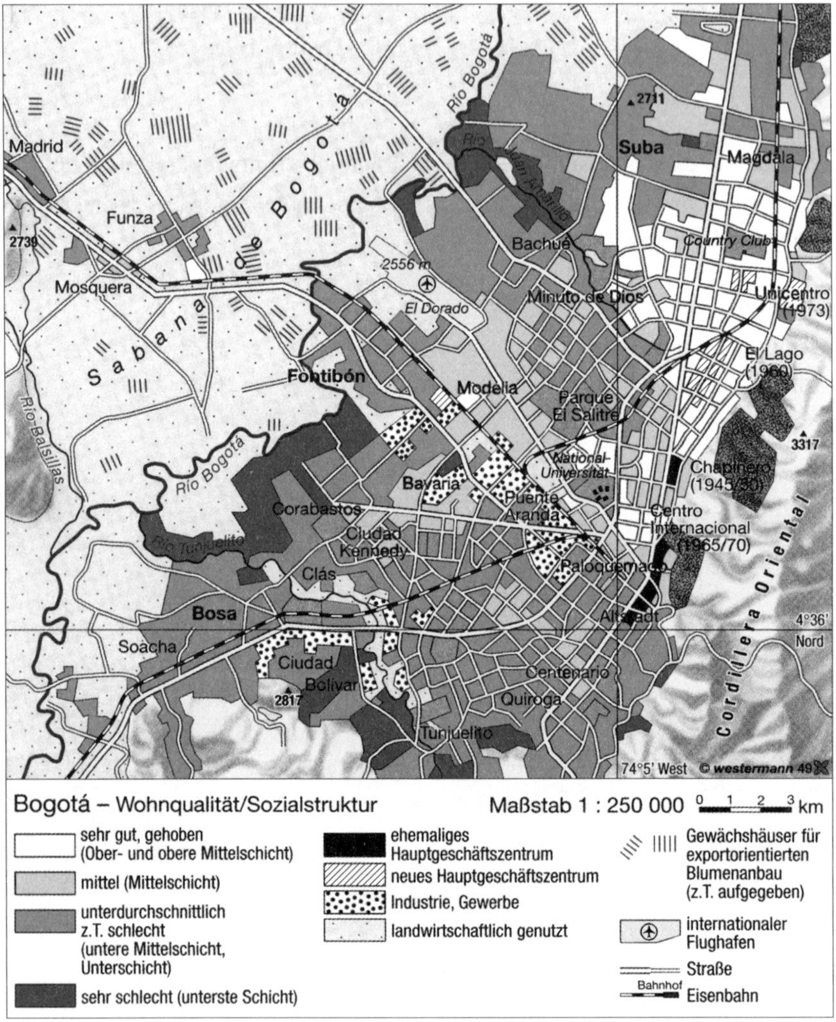

Quelle: Diercke Atlas, 5. aktualisierte Auflage 2002, S. 207, Karte 2. © Bildungshaus Schulbuchverlage Westermann Schroedel Diesterweg Schöningh Winklers GmbH

M 3 Bevölkerungswachstum von Santa Fe de Bogotá

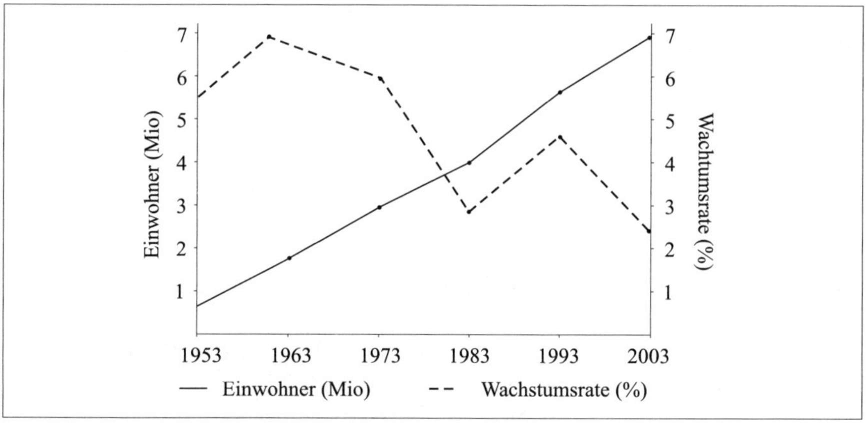

Quelle: DANE (Departamento Nacional de Estadística; im Internet unter http://www.dane.gov.co/, Zugriff am 14.03.06)

M 4 Das innerstädtische Zentrum Bogotás

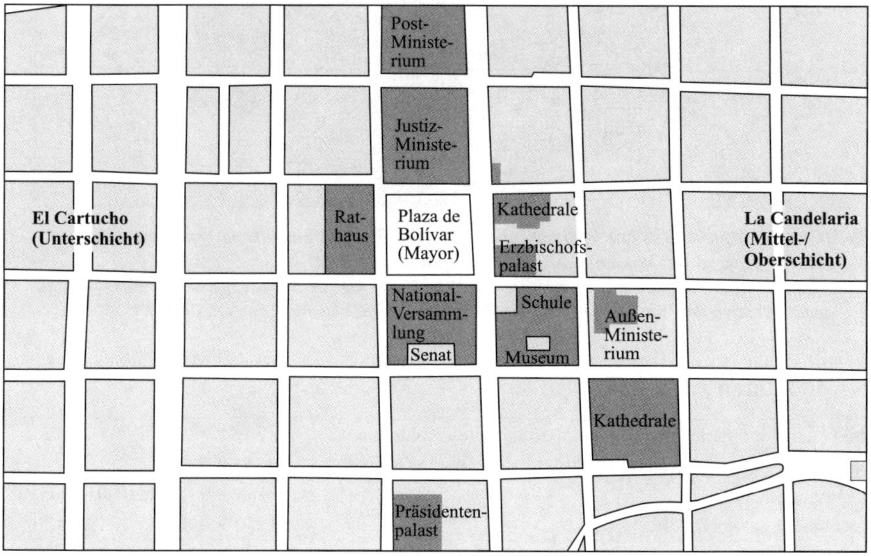

Quelle: eigene Darstellung

M 5 Flächenwachstum von Bogotá

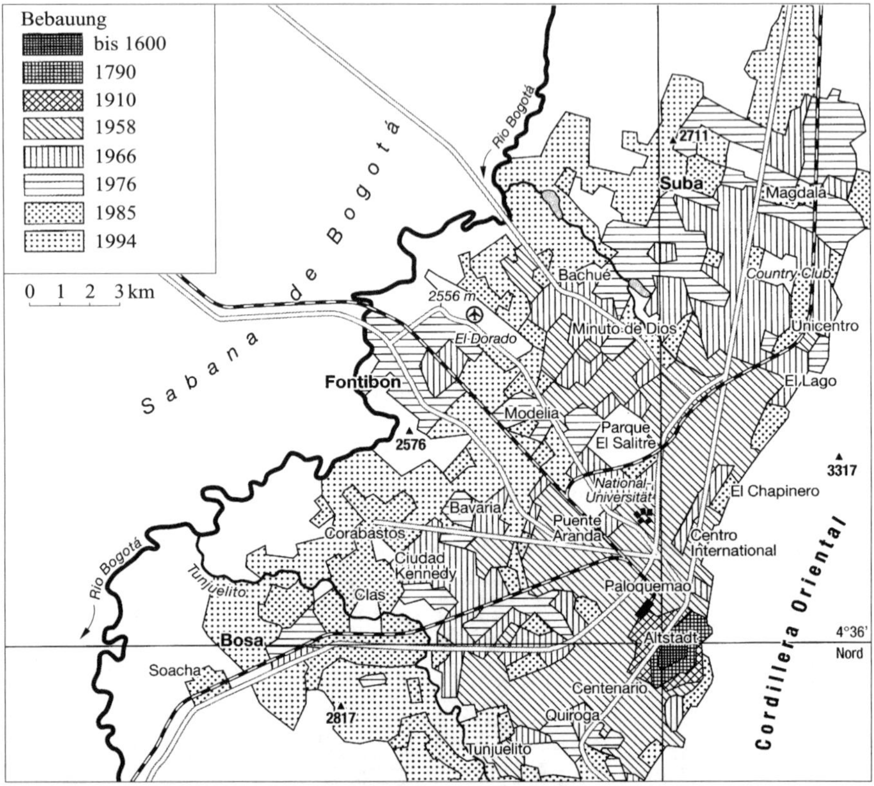

Quelle: Bähr, J. / Mertins, G.: Die lateinamerikanische Großstadt. Verstädterungsprozesse und Stadtstrukturen. Darmstadt: Wissenschaftliche Buchgesellschaft 1995, S. 72.
Nach: Brücher, W.: Die moderne Entwicklung von Bogotá. In. GR 1969, H. 21, S. 185; Unterlagen des Depto. Administrativo de Planeación Distrital (Bogotá); eigene Erhebungen Januar 1995

M 6 Eckdaten zu Bogotá

Anteil an den Industriebetrieben und -beschäftigten Kolumbiens	> 33 %
Anteil an den Beschäftigten im Bank- und Versicherungswesen	ca. 55 %
Einwohner Stadt	7 185 889 (Stand 01.01.2005)
Einwohner Agglomeration	8 250 000 (Stand 01.10.2005)

Quelle: www.wikipedia.org (Zugriff am 14.03.06)

M 7 Historische Querschnitte der spanisch-amerikanischen Stadt

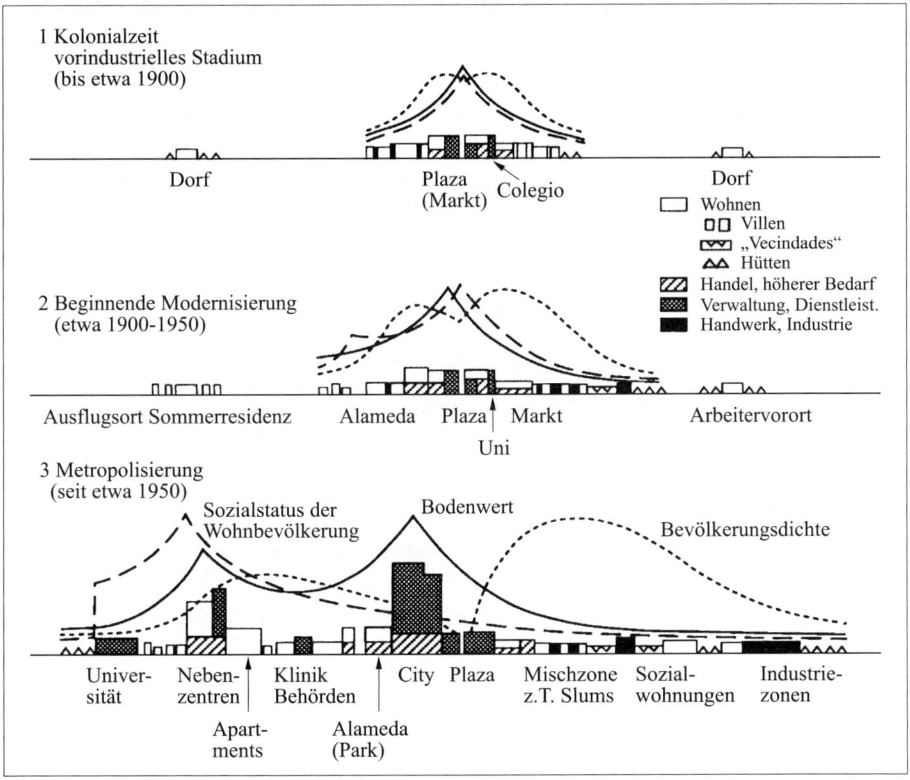

Anmerkungen:
Vecindades: Im Zentrum der Stadt verlassene und verfallene Kolonialhäuser, in denen jedes Zimmer einen Haushalt beherbergt und die sanitären Einrichtungen gemeinschaftlich von allen Hausbewohnern genutzt werden. Dort leben unter anderem zahlreiche Gruppen indigener Migranten.
Alameda: Promenade/Park

Quelle: Gormsen, E.: Die Städte im Spanischen Amerika. Ein zeiträumliches Entwicklungsmodell der letzten Jahre. In: Erdkunde, H. 36/1981, S. 291

Hilfsmittel: Der an der Schule eingeführte Atlas

Bezüge der Aufgabe zu den „Vorgaben zu den unterrichtlichen Voraussetzungen für die schriftlichen Prüfungen im Abitur in der gymnasialen Oberstufe" im Jahr 2007

Inhaltliche Schwerpunkte:

- Raumstrukturen und raumwirksame Prozesse im Spannungsfeld von Aktionen und Konflikten sozialer Gruppen, Staaten und Kulturgemeinschaften
  - Siedlungsstrukturen als Ausdruck sich wandelnder Gegebenheiten im lateinamerikanischen und orientalischen Kulturraum sowie veränderter politischer Leitbilder

Lösungsvorschlag

Teilaufgabe 1

Die Bearbeitung der ersten Teilaufgabe erfordert von Ihnen, die vorliegenden Materialien und den damit dargestellte Sachverhalt in seine Einzelaspekten zu erfassen mit dem Ziel., Entwicklungen und Zusammenhänge zwischen ihnen aufzuzeigen.

Geografische Lage Bogotás

Bogotá liegt am Übergang der unteren, flachen Hangpartien der auf über 3 300 m ansteigenden Ostkordillere und der sich nach Nordwesten anschließenden Hochebene Sabana de Bogotá in einer Höhe von 2700–2800 m (M 2, Atlas).
Die erste Bebauung bis in das Jahr 1600 erfolgt auf den unteren, flachen Hangpartien der Ostkordilleren, ein Bereich, der bis Anfang des 20. Jahrhunderts kaum überschritten wird (M 2, M 5).

Wachstum Bogotás

Mit dem raschen **Bevölkerungswachstum** zwischen 1940 und 1950, das in den 50er- und 60er-Jahren bevölkerungsexplosionsartige Züge annimmt (ca. 5,5–7 % Wachstumsrate: Landflucht, M 3), geht zunächst die **Siedlungsausdehnung** parallel zur Ostkordillere nach Norden und Süden einher (M 5). Ab 1970 erfolgt dann auch die **Flächenausdehnung** in die Hochebene (Sabana de Bogotá).

Gleichzeitig verfestigt sich das Grobraster der **sozialräumlichen Differenzierung**. Der Süden Bogotás wird die Wohngegend der ärmeren Bevölkerung, im Norden lassen sich die wohlhabenden Schichten nieder (M 2).

Verlagerung von Wohnvierteln

Die etappenartige Verlagerung der vornehmen **Wohnviertel** in immer altstadtferne Bereiche erfolgt ausschließlich entlang der Ausfallstraße (Leitlinie) nach Norden. Gleichzeitig bzw. etwas phasenversetzt entstehende Hauptgeschäftszentren (Subzentren) für den hoch- und höchstrangigen Bedarf (El Lago 1960, Unicentro 1973) mindern die Bedeutung der City und wirken zudem attraktivitätssteigernd für die vornehmen Wohnviertel. Die in diesem Verlagerungsprozess allmählich aufgegebenen Oberschichtviertel werden sukzessive von den Angehörigen der oberen Mittelschicht und Mittelschicht bezogen (M 2, M 5).

Funktionale Entwicklung des Zentrums

Die Altstadt Bogotás ist heute geprägt durch gegensätzliche Funktionen auf engem Raum, verbunden mit großen sozialen Problemen. Die höchstrangigen Regierungs- und Kircheneinrichtungen um und nahe der Plaza de Bolívar zeichnen sich durch eine hohe **Persistenz** aus, d. h. sie sind sehr raumstabil. Der sozial degradierte innerstädtische Bereich liegt in fast gleicher Distanz zum traditionellen Zentrum wie die dort ansässigen Funktionsbauten (El Cartucho = Wohnviertel der Unterschicht, M 4).

Entwicklung der Wohnviertel der Unterschicht

Das **Hauptwohngebiet** der unteren Bevölkerungsschichten ist der gesamte Süden, wobei die **Stadtviertel** der ärmsten Schichten entweder an den Hängen der Ostkordilleren oder in den überschwemmungsgefährdeten Flussauen liegen (M 2). Aufgrund des **Bevölkerungsdrucks** (M 3) und des damit verbundenen **Wohnraumbedarfs** entstanden allerdings seit Ende der 60er-Jahre vermehrt **Unterschichtviertel** auch im Norden, so z. B. in der Flussaue des Rio Juan Amarillo (M 2, M 5).

Der **Flächenbedarf** der Gewächshäuser für exportorientierten Blumenanbau (M 2) muss als limitierender Faktor für die weitere **Flächenausdehnung** Bogotás gesehen werden.

Teilaufgabe 2

In dieser Teilaufgabe sollen Sie Gemeinsamkeiten und Unterschiede zwischen historischen Querschnitten der spanisch-amerikanischen Stadt und dem realen Sachverhalt in Bogotá erfassen und vergleichend bewerten. Die methodische Vorgehensweise umfasst den intensiven Vergleich der Materialien M 2 – M 6 mit dem Material M 7, d. h. es müssen Gemeinsamkeiten und Unterschiede zwischen den sich in den Materialien widerspiegelnden Strukturen und Prozessen erfasst und kriterienbezogen verdeutlicht werden. Durch die Komplexität des zu bearbeitenden Materials (v. a. von M 2 und M 7) zielt der Operator „vergleichen" hier auch auf Leistungen im nächsthöheren Anforderungsbereich (III statt II) und wird damit auch höher bepunktet.

Die Kolonialzeit (bis etwa 1900) wird durch das Vorhandensein vorindustrieller Strukturen gekennzeichnet (M 7). In Bogotá sind die Ausprägungen der Strukturen einer typischen lateinamerikanischen Kolonialstadt mit Plaza de Mayor, Kirche, Verwaltungsgebäuden etc. im Detail deutlich zu erkennen (M 4). Das Umland ist deutlich dörflich und agrarwirtschaftlich geprägt (M 2).

Phase der Kolonialzeit

Die beginnende **Modernisierung** (laut Modell zwischen 1900–1950) beinhaltet die flächenmäßige Ausdehnung sowie die infrastrukturelle (Universität) und freizeitmäßige Aufwertung (Alameda) der Stadt (M 7). Dörfer wandeln sich je nach Lage zu Ausflugsorten oder Sommerresidenzen oder werden zu Arbeitervororten degradiert (M 7). Diese Phase des Modells ist auch für Bogotá feststellbar. Beispielsweise zeigt sich die infrastrukturelle Aufwertung der Stadt durch den Bau der Universität (M 2, M 5).

Phase der beginnenden Modernisierung

Die Phase der **Metropolisierung** setzt laut Modell etwa 1950 ein. Sie umfasst das flächenmäßige Ausufern der Stadt ins Umland zu einer gigantischen metropolitanen **Primatstadt** mit der Ausbildung eines **CBD** und **Subzentren**, die weitere Aufwertung der Infrastruktur (Klinik), eine sich deutlich abzeichnende **soziale Segregation** (Apartments, Mischzone, z. T. Slums, Sozialwohnungen) und die Entstehung von **Industriezonen**. Das flächenhafte Wachstum wird noch überformt durch das Wachstum in die Höhe (M 2, M 5).

Phase der Metropolisierung

Die über allen drei Entwicklungsphasen eingezeichneten Kurven illustrieren die mit dem jeweiligen Standort zusammenhängende und sich von Epoche zu Epoche verändernde relative Höhe des Bodenwertes, des Sozialstatus sowie der **Bevölkerungsdichte** (M 7).

Als Fazit lässt sich Folgendes festhalten: Über weite Teile stimmt das Modell mit den Materialien zu Bogotá überein. Dies gilt v. a. für die flächenhafte Ausdehnung (38 x 18 km), die Aufwertung der **Infrastruktur** (Park, Flughafen, Eisenbahn, Autostraßen), die Ausbildung von **Subzentren** sowie die **soziale Segregation** (M 2, M 5). Bogotá kann in seiner stadtgeografischen Entwicklung insofern als typisch spanisch-amerikanische Stadt gelten.

Fazit

Abiturähnliche Aufgaben für den Leistungskurs

Leistungskurs Erdkunde (NRW) – Aufgabe 6
Wirtschaftliche Perspektiven im Zeitalter der Globalisierung – Das Beispiel Costa Rica

Aufgabenstellung

1. Erläutern Sie die die landwirtschaftlichen Strukturen in Costa Rica unter Berücksichtigung der Großregionen.
2. Bewerten Sie die gesamtwirtschaftliche Entwicklung und die Zukunftsperspektiven des Landes.

Materialgrundlage

M 1 Geeignete Atlaskarten

M 2 Ökologische Ansprüche einzelner Nutzpflanzen

Bananen
Als Cash Crop kommt ausschließlich die zuckerreiche Obstbanane in Frage, nicht aber die Mehl- und Zwergbanane. Die Pflanzen sind einjährige Stauden von großem Wuchs (bis 8 m). Die Früchte reifen in drei Monaten heran. Wärme, Feuchtigkeit und nährstoffreiche Böden sind Voraussetzung für ein schnelles Wachstum und gute Ernten. Die großen, bis zu 1 m breiten und 5 m langen Blätter sind stark windanfällig. Gleichmäßig warmes Klima von 20–25 °C bei viel Sonne benötigen die Pflanzen ebenso wie gut verteilte Niederschläge (mindestens rund 2 000 mm jährlich). Am üppigsten gedeihen die Pflanzen in windgeschützten Ebenen in Küstenbereichen der Tropen.

Kaffee
Den größten Anteil am Weltmarkt haben Arabica-Sorten (ca. 70 %) und Robusta-Sorten (ca. 22 %). Es handelt sich um eine immergrüne Strauchpflanze, die zwischen 8 und 12 Monate reifen muss. Die Kaffeepflanzen benötigen 18 °C–22 °C Durchschnittstemperatur und reichlich Niederschläge. Robusta-Kaffee ist mit 22–24 °C und 1 800–2 000 mm jährlichem Niederschlag anspruchsvoller als Arabica-Kaffee (17 °C –18 °C sowie 1 000–1 200 mm). Besonders junge Pflanzen benötigen Windschutz und Beschattung durch Zwischenanbau von Mais, Bananen oder Bäumen.

Quelle: eigene Zusammenstellung

M 3 Costa Rica: Relief und thermische Höhenstufen

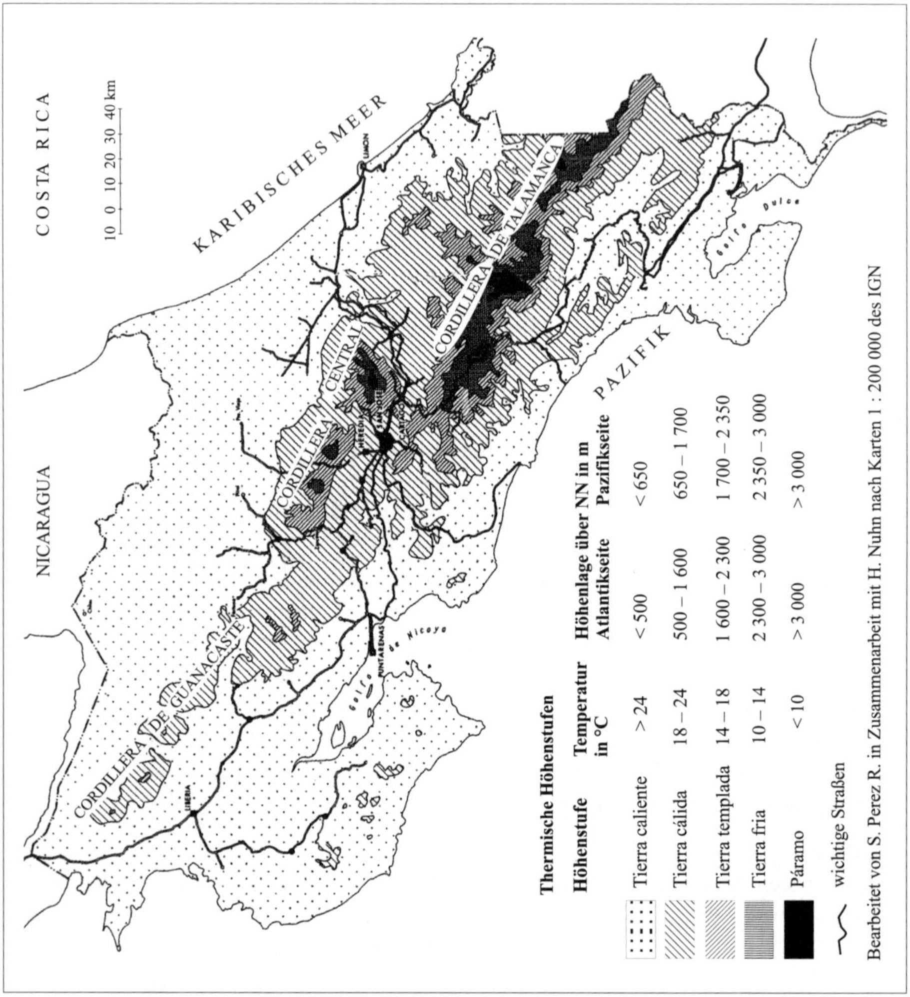

Quelle: Nuhn, H.: Regionalisierung und Entwicklungsplanung in Costa Rica. Ein Beitrag zur angewandten Geographie und Regionalplanung unter Einsatz von EDV. Hamburg: Institut f. Geographie u. Wirtschaftsgeographie d. Univ., 1978, Karte 7

M 4 Ausgewählte Klimastationen

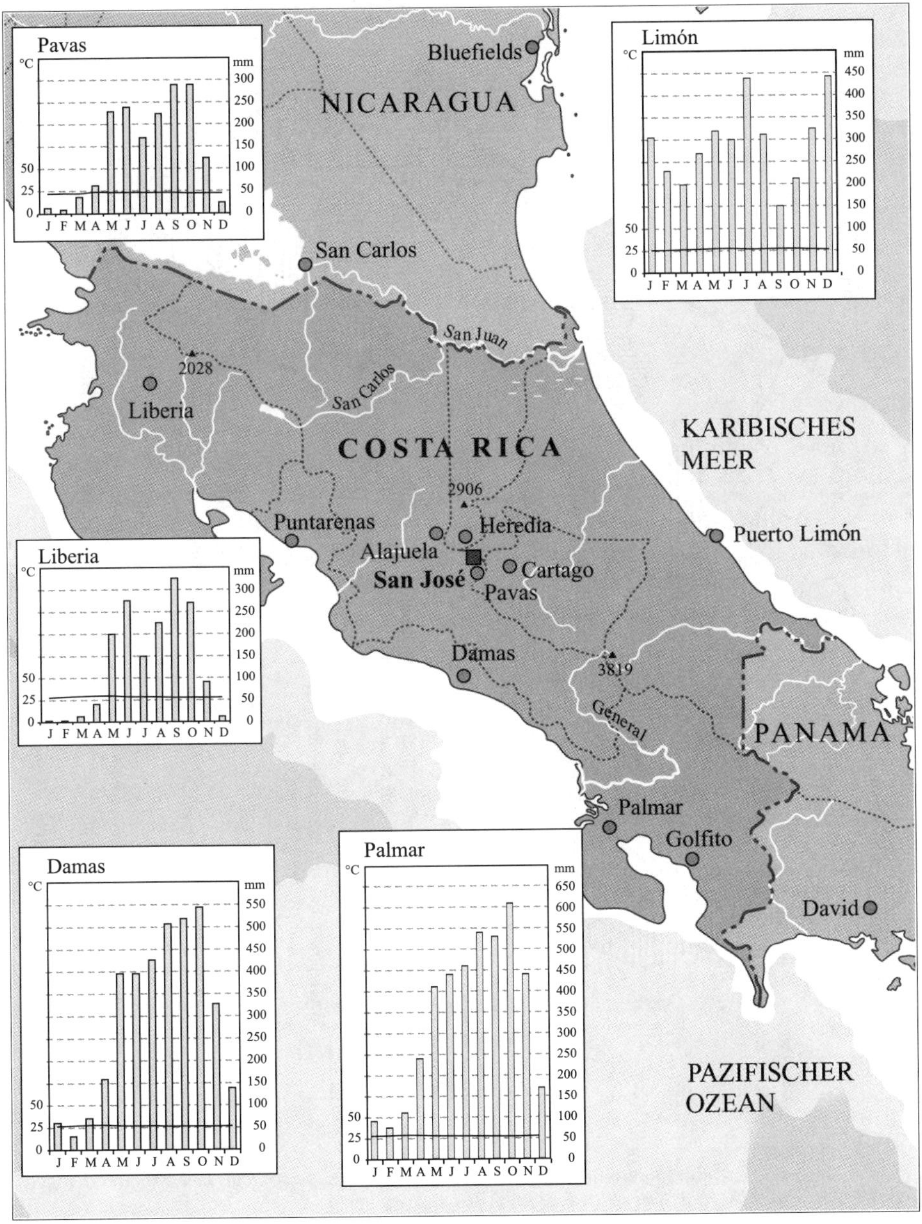

Quelle: Karte: Der Fischer Weltalmanach 2001, © Fischer Taschenbuch Verlag GmbH, Frankfurt am Main 2000. Klimadaten nach Instituto Meteorologico Nacional de Costa Rica, www.imn.ac.cr

M 5 Costa Rica: Landnutzung

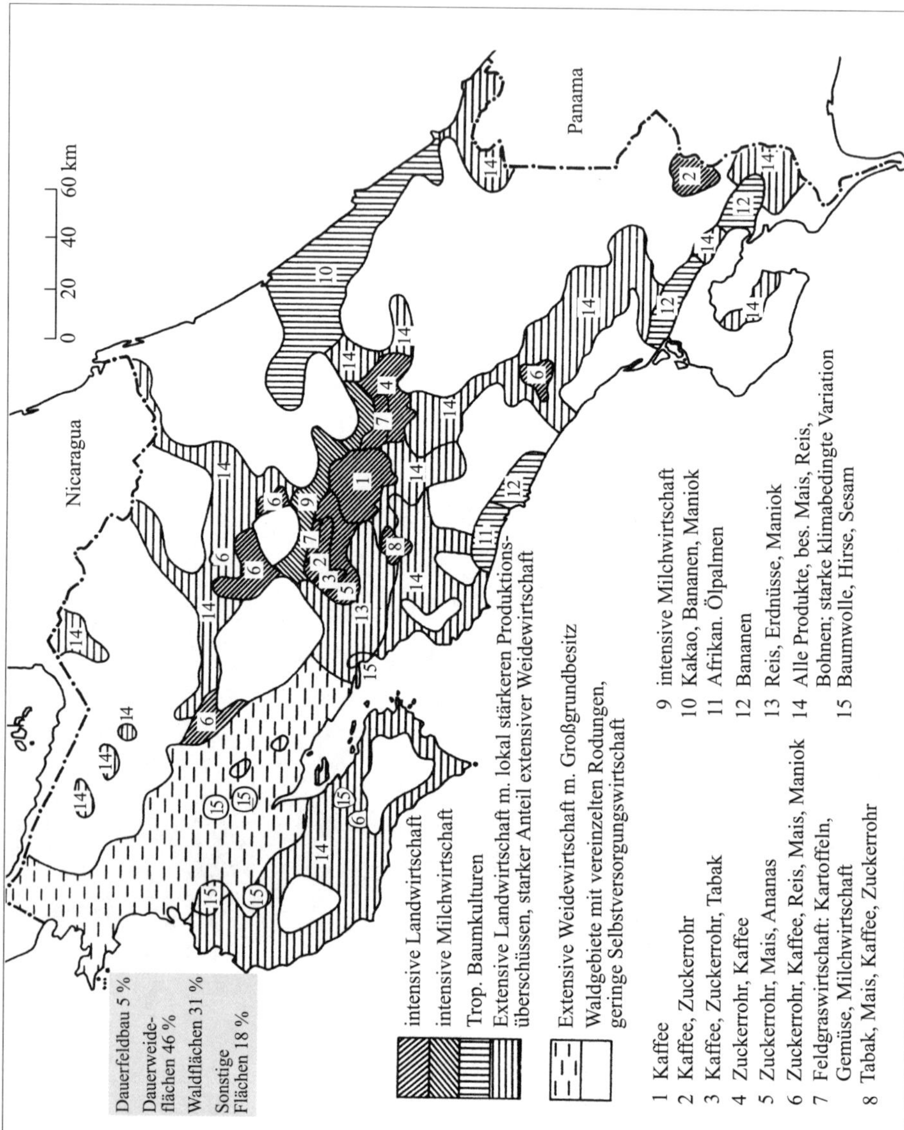

Quelle: Sandner, G.: Agrarkolonisation in Costa Rica. Schriften des Geographischen Institutes der Universität Kiel, Bd. XIX, H. 3, Kiel 1961, Fig. 13, S. 101

M 6 a Kaffee aus Mittelamerika

	Costa Rica	El Salvador	Guatemala	Honduras	Nicaragua
Anteil der Kaffeeanbauflächen an der Gesamtfläche	1,8 %	7,9 %	2,5 %	1,7 %	0,7 %
Anteil an der landw. Nutzfläche (1996)	17,5 %	19,4 %	19,8 %	9,4 %	3,2 %
Ertrag pro Hektar (1997)	1 533 kg	903 kg	803 kg	798 kg	667 kg
Gesamtproduktion (1997)	143 000 t	150 000 t	216 000 t	154 000 t	59 000 t
Ausfuhrwert des Kaffees ∅ 1994–1996 (in US-$)	370 Mio.	325 Mio.	444 Mio.	255 Mio.	107 Mio.
Anteil des Kaffees am Wert der Exporte ∅ 1994–1996	13,5 %	24,3 %	22,0 %	20,7 %	19,8 %
Anteil der Kaffeeausfuhr am BIP (∅ 1994–1996)	4,2 %	3,1 %	6,7 %	3,1 %	5,7 %
Anteil der Kaffeeausfuhr am Export (2004)	3 %	4 %	6 %	14 %	12 %

Quellen: nach FAO 1996 und 1997; Weltentwicklungsberichte 1996–1998. In: Andreas Stamm, Kaffeewirtschaft in Zentralamerika. Geografische Rundschau 51/1999, Heft 7/8, S. 401 und 405.
Daten zum Anteil der Kaffeeausfuhr am Export 2004: Der Fischer Weltalmanach 2006. © Fischer Taschenbuch Verlag GmbH, Frankfurt/ Main 2005

M 6 b Besitzstrukturen beim Kaffeeanbau (in %)

	Costa Rica	Guatemala
Kleinproduzenten (< 3,5 ha)	70	87
Produktionsanteil	17	5
Mittlere Produzenten (3,5 – 35 ha)	27	12
Produktionsanteil	34	6
Großproduzentenn (> 35 ha)	3	1
Produktionsanteil	50	89

Quelle: nach FAO 1996 und 1997; Weltentwicklungsberichte 1996–1998. In: Andreas Stamm, Kaffeewirtschaft in Zentralamerika. Geografische Rundschau 51/1999, Heft 7/8, S. 401 und 405

M 7 a Kaffeepreisentwicklung auf dem Weltmarkt

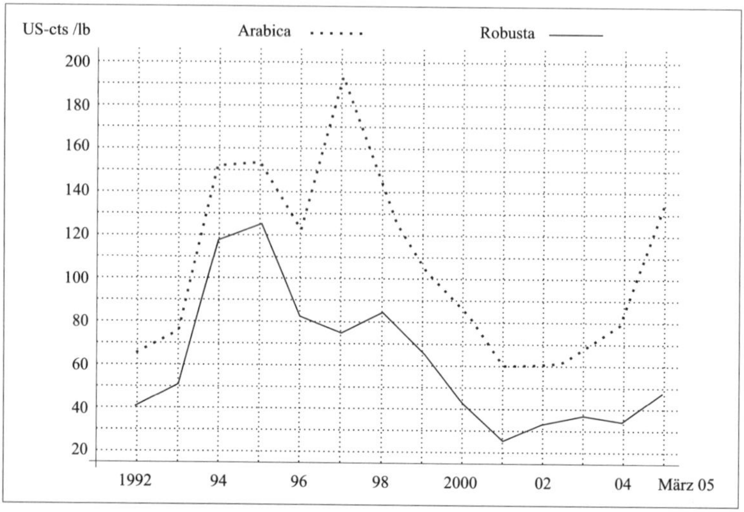

Quelle: International Coffee Organization (ICO). In: Deutscher Kaffeeverband (Hrsg.): Jahresbericht 2004

M 7 b Erlöse der Kaffepflanzer (US-Cents/Pfund)

	1998	2000	2002	2003
Costa Rica	95	77	43	50
Guatemala	120	72	48	51

Quellen: www.kaffeeverband.de/img/kaffeebibliothek; www.esta-donacion.or.cr/Region2003/Paginas/indice.html (Zugriff 03.04.06)

M 7 c Kaffee-Produktion (in Mio. t)

	1990	1999	2004
1 Brasilien	1 465	1 600	2 494
2 Kolumbien	845	672	697
3 Mexiko	440	303	689
4 Indonesien	413	455	623
...	...	...	...
9 Guatemala	202	204	180
...	...	...	...
11 Costa Rica	151	147	141
Weltproduktion	5 988	6 400	7 668

M 7 d Bananen-Produktion (in Mio. t)

	1990	1999	2004
1 Indien	6 734	10 200	16 500
2 Brasilien	5 506	5 592	6 500
3 VR China	1 657	3 700	5 748
4 Ecuador	3 055	4 600	5 528
5 Philippinen	2 913	3 550	5 264
...	...	...	...
8 Costa Rica	1 740	2 100	2 050
Weltproduktion	56 256	56 405	68 015

Quelle M 7 c und 7 d: Der Fischer Weltalmanach 2006. © Fischer Taschenbuch Verlag GmbH, Frankfurt/Main 2005

M 8 Costa Rica: Beschäftigte nach Wirtschaftssektoren (in %)

	1950	1973	1992	2003
Landwirtschaft	62	38	24	16
Industrie	12	21	26	23
Dienstleistungen	23	40	50	61

Quelle: Der Fischer Weltalmanach 2006. © Fischer Taschenbuch Verlag, Frankfurt/Main 2005

M 9 Costa Rica: BIP-Anteil der Wirtschaftssektoren (in %)

	1950	1973	1992	2004
Landwirtschaft	43	23	16	9
Industrie	15	26	27	29
Dienstleistungen	42	51	57	62

Quellen: Banco Central de Costa Rica (Daten für 1950);
Fischer Weltalmanach 2006. © Fischer Taschenbuch Verlag, Frankfurt/Main 2005 (Daten 1973–2004)

M 10 Costa Rica: Außenhandel

	Import (Mio. US-$)	Export (Mio. US-$)	Tourismuseinnahmen (Mio. US-$)	Exportanteil (in %)		
				Kaffee	Bananen	Industrie
1975	637	454	k. A.	25	25	k. A.
1985	1 098	989	k. A.	33	20	8
1995	3 274	2 611	664	11	16	46
2004	8 268	6 640	608*	3	9	68

* Angaben für 2002

Quelle: Der Fischer Weltalmanach 2006. © Fischer Taschenbuch Verlag, Frankfurt/Main 2005

M 11 a–d: Daten zum Import und Export Costa Ricas

M 11 a Import 1979 (in %)

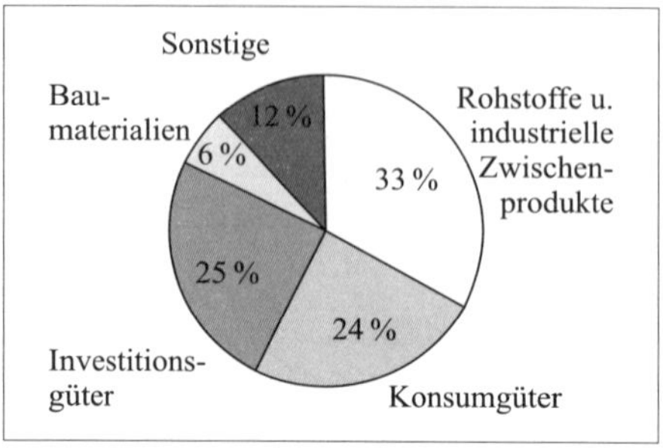

M 11 b Export 1979 (in %)

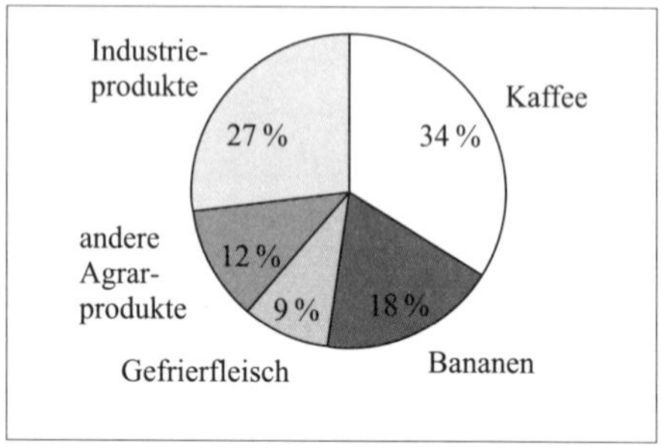

M 11 c Import 2004 (in %)

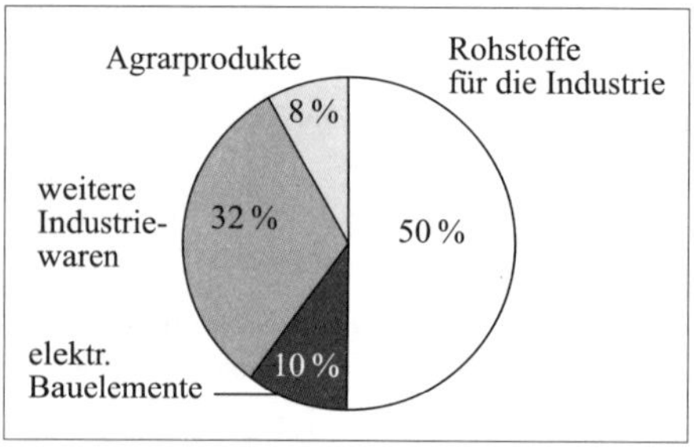

M 11 d Export 2004 (in %)

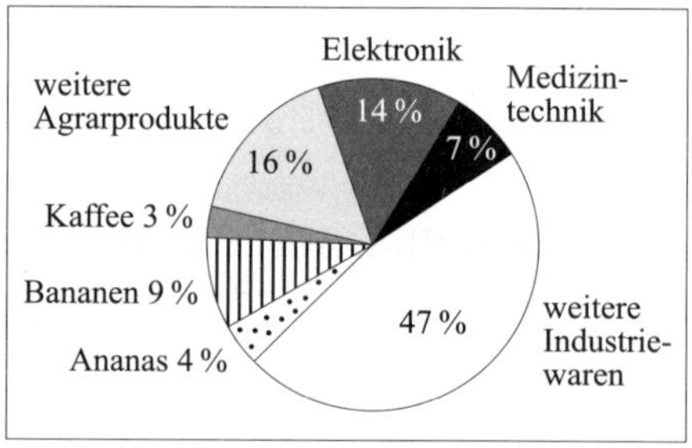

Quellen: Fischer Weltalmanach 2001 und 2006. © Fischer Taschenbuch Verlag, Frankfurt/Main 2000 und 2005

M 12 Entwicklung der Terms of Trade

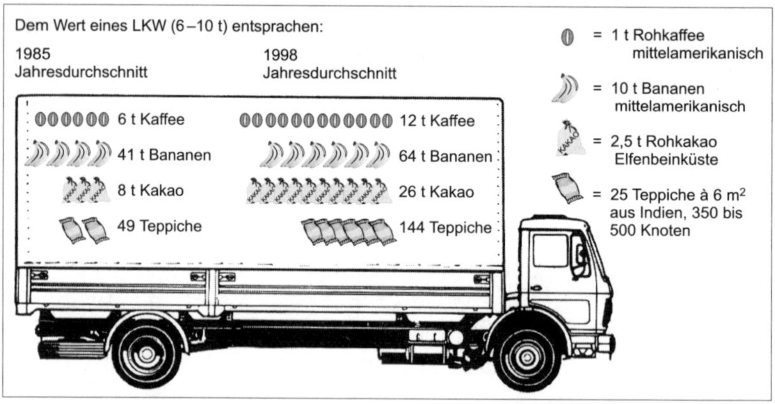

Quelle: Mensch und Raum. Geographie 12/13. Cornelsen: Berlin 2001, S. 272

M 13 Costa Rica – statistische Angaben

Bevölkerung (2003):	
Jährliches Wachstum	1,6 %
Analphabeten männl./weibl.	4 % / 4 %
Anteil unter der Armutsgrenze (1997):	8,6 %
Städtische Bevölkerung	61 %
Wirtschaft (2003):	
BSP/Einwohner	4 300 US-$
BIP-Zuwachs	6,5 %
BIP-Anteile – Primärer Sektor – Sekundärer Sektor – Tertiärer Sektor	 9 % 29 % 62 % (davon Tourismus: 4 %)
Erwerbstätige – Primärer Sektor – Sekundärer Sektor – Tertiärer Sektor	 16 % 23 % 61 %
Arbeitslosigkeit	6,5 %
Handelspartner:	1. USA, 2. S-Amerika, 3. Zentralamerika
Inflation	10,2 %
Deviseneinnahmen aus dem Tourismus	seit 1991 stetig steigend; gegenwärtig zweitwichtigster Devisenbringer
Auslandsverschuldung / BSP-Anteil	ca. 30 %
ausländische Direktinvestitionen	seit 1996 stetig steigend

Quelle: Der Fischer Weltalmanach 2006. © Fischer Taschenbuch Verlag, Frankfurt/Main 2005; www.costa-rica.de/oekonomie/invest.htm (Daten zu Tourismus, Auslandsverschuldung und ADI)

Hilfsmittel: Der an der Schule eingeführte Atlas

Bezüge der Aufgabe zu den „Vorgaben zu den unterrichtlichen Voraussetzungen für die schriftlichen Prüfungen im Abitur in der gymnasialen Oberstufe“ im Jahr 2007

Inhaltliche Schwerpunkte:

– Raumstrukturen und raumwirksame Prozesse in der Wechselwirkung von natürlichen Systemen und Eingriffen des Menschen
  - Böden in ihrer elementaren Bedeutung für nachhaltiges Wirtschaften
  - Die gemäßigte, subtropische und tropische Klima- und Vegetationszone in ihrer Bedeutung für die Entwicklung von Räumen

– Raumstrukturen und raumwirksame Prozesse im Spannungsfeld von wirtschaftlichen Disparitäten und Austauschbeziehungen
  - Ernährungspotenzial für eine wachsende Weltbevölkerung zwischen Subsistenzwirtschaft und Agrobusiness

Lösungsvorschlag

Teilaufgabe 1

Beim „Erläutern" müssen Sie Sachzusammenhänge mithilfe ergänzender Informationen verdeutlichen. Bei dieser Teilaufgabe wird von Ihnen eine nach Großräumen gegliederte und detaillierte Darstellung der Lage und des Naturpotenzials Costa Ricas sowie darauf aufbauend eine Begründung des Landnutzungsmusters erwartet.

Im Begründungszusammenhang der landwirtschaftlichen Nutzung müssen Sie auch die unterschiedlichen ökologischen Pflanzenansprüche beachten.

Geografische Lage Costa Ricas

Costa Rica ist ein Staat der **mittelamerikanischen Landbrücke**. Er liegt zwischen dem 4. und 12. nördlichen Breitengrad sowie zwischen dem 82. und 88. westlichen Längengrad. Nachbarstaaten sind Nicaragua im Westen und Panama im Osten. Costa Rica hat im Norden Anschluss zur Karibik, im Süden zum Pazifik. Das **Klima** ist tropisch-maritim (Atlas, M 4).

Natürliche Voraussetzungen für die Landwirtschaft

Der Staat hat in der zweiten Hälfte des 20. Jh. einen deutlichen **wirtschaftlichen Wandel** vollzogen. Der **primäre Sektor** bildete zunächst den Schwerpunkt der Wirtschaft. Er dominierte noch in den 50er-Jahren sowohl bei den Beschäftigten als auch hinsichtlich des BIP-Anteils (M 8, M 9). Hierbei spielten zunächst die **Cash Crops** Bananen und Kaffee eine wichtige Rolle: Sie machten bis Ende der 80er-Jahre ca. 50 % des gesamten Exportwarenwertes aus (M 11). Bananen und Kaffee finden in Costa Rica z. T. **ideale Wachstums- und Anbaubedingungen** vor (M 2, M 4). Deshalb hat sich ihr Anbau in Costa Rica schnell ausgebreitet. Durch die United Fruit Company fand der Absatz auf dem Weltmarkt statt (Atlas).

Bananenplantagen findet man in den küstennahen immerfeuchten karibischen Bereichen, der Tierra caliente. Das Klimadiagramm Limóns belegt, dass mit 26 °C jährlicher Durchschnittstemperatur, die kaum monatliche Schwankungen aufweist, und mit ca. 3 000 mm Jahresniederschlag die **ökologischen Ansprüche** in jeder Hinsicht erfüllt sind (M 4).

Kaffeeanbau hingegen findet man im zentralen Hochland, dem Valle Central (Atlas, M 5). Das **Relief** bedingt hier unterschiedliche **klimatische Höhenstufen**. Es herrschen **subtropische Bedingungen** und somit für den Kaffeeanbau optimale Wachstumsbedingungen vor, denn sowohl die Temperaturansprüche der Kaffeepflanze mit ca. 22 °C Durchschnittstemperatur als auch Niederschläge von mehr als 1 500 mm sind hier im Gebirgsbereich gegeben. Der Vergleich mit den übrigen mittelamerikanischen Staaten verdeutlicht, dass der Kaffeeanbau in Costa Rica auf besonders günstige Anbaubedingungen trifft: Nirgendwo ist der Ertrag pro Hektar so hoch wie in diesem Land (M 6 a).

Struktur des primären Sektors

An der Produktion und damit auch an den Erträgen sind in Costa Rica mit 17 % mehr **Kleinunternehmer** beteiligt als in Guatemala (M 6 b). Trotzdem deuten diese **Besitzstrukturverhältnisse** an, dass die Zahl der **Minifundienbesitzer** und der Landlosen übergroß ist und dass vor allem **Großgrundbesitzer** marktbestimmend sind. Beim Bananenanbau kommen noch **multinationale Konzerne** wie die United Fruit Company hinzu (Atlas). Beide schöpfen den Großteil der Erlöse ab, die überwiegend ins Ausland abfließen und somit der allgemeinen Entwicklung des Landes Costa Rica nicht zugutekommen.

Aufgrund der natürlichen Voraussetzungen und der Notwendigkeit, die Ernährung der eigenen Bevölkerung sicherzustellen, finden sich in Abhängigkeit von den sehr unterschiedlichen klimatischen und **orografischen Gegebenheiten** weitere Formen landwirtschaftlicher Nutzung. Hierbei kommt der **Dauerweidewirtschaft** mit 46 % Anteil an der landwirtschaftlichen Nutzfläche eine besondere Bedeutung zu (M 5). Ihr räumlicher Schwerpunkt liegt zum einen in den Küstenebenen, zum anderen in den **wechselfeuchten Bereichen** im Nordwesten und Südosten, die bis max. 800 mm Jahresniederschlag aufweisen.

Der Feld- und Weideflächen-Anteil Costa Ricas beträgt insgesamt nur 51 %. Räumlich deckt sich dies weitgehend mit der Verteilung der Bevölkerung. Der Anbau von **Feldfrüchten** ist vielseitig: Neben Ananas findet man z. T. inselartig den Anbau von Baumwolle, Tabak, Zuckerrohr, Kakao u. a. (M 5)

Bevölkerungsstruktur

Mit einem durchschnittlichen jährlichen Bevölkerungszuwachs von 1,6 % (M 13) steht Costa Rica wie viele andere Staaten Lateinamerikas vor dem Problem, der **stark wachsenden Bevölkerung** dauerhaft genügend Nahrungsmittel aus der eigenen landwirtschaftlichen Produktion zur Verfügung zu stellen. Die weiten Bereiche mit **extensiver Nutzung** (M 5) werden deshalb möglicherweise unter Flächennutzungsdruck geraten. An vielen Stellen wird man versuchen, die Nutzung zu intensivieren und z. B. Ackerbau statt

Viehzucht zu betreiben. Inwieweit hier eine **nachhaltige intensivere Nutzung** möglich sein wird, ist noch unklar.

Stellung der Landwirtschaft in der Weltwirtschaft

Die Veränderung hinsichtlich der Schwerpunktsetzung in der Landwirtschaft ist an zwei wesentlichen Indikatoren festzumachen: zum einen am deutlichen Rückgang des **Gesamtexportanteils** von ca. 50 % auf 30–35 % in den letzten Jahren, zum anderen an der erkennbaren Diversifizierung innerhalb der landwirtschaftlichen Produktion (M 10, M 11).

Anfang der 60er-Jahre waren Produktion und Export einseitig ausgerichtet. Dies hat sich jedoch im Laufe der Jahre gewandelt. Gründe hierfür waren zum einen die geänderte Konkurrenzsituation auf dem **Weltmarkt**. Dies hatte z. B. beim Kaffee eine für ein Land wie Costa Rica äußerst unsichere Kalkulations- und Handelsgrundlage zur Folge. Das verdeutlicht das Beispiel der Kaffeepreisentwicklung seit 1992 (M 7 a und b). Zum anderen kamen zu diesen **Absatzunsicherheiten** auch die Variabilitäten des Wetters hinzu, die zu deutlichen Produktionseinbußen und damit zu Handelsausfällen führten. Schließlich stellen **monokulturelle Wirtschaftsweisen** in Form von **Plantagen** (Bananen, Kaffee) unter dem Aspekt **nachhaltiger Nutzung** und Ertragslage ein Risiko dar.

Beim Absatzproblem von Bananen können – den **Welthandel** betreffend – ähnliche Gründe genannt werden. So hat die **internationale Zoll- und Handelspolitik** in den letzten zwei Jahrzehnten die Exportländer von Weltagrargütern nicht dauerhaft in eine sichere Handelssituation versetzen können.

Heute befindet sich Costa Rica weiterhin unter den 15 führenden Weltproduzenten bei Kaffee (Rang 11, M 7 c) und bei Bananen (Rang 8, M 7 d). Hierbei fällt auf, dass die Marktchancen von Obstbananen in den vergangenen 15 Jahren scheinbar sicherer und günstiger waren als die von Kaffee. Das besagen zumindest die Produktionszunahme um ca. 20 % seit 1990 (M 7 d) und der seit den 90er-Jahren im Vergleich mit Kaffee höhere Exportanteil (M 10, M 11 d). Die Entwicklung der **Terms of Trade** seit den 1980er-Jahren verdeutlicht in diesem Zusammenhang, dass der Wert agrarischer Güter auf dem Weltmarkt im Verhältnis zu Industrieprodukten deutlich abgenommen hat, nämlich bei Kaffee um die Hälfte und bei Bananen um ein Drittel (M 12).

Teilaufgabe 2

Anhand geeigneter Materialien sollen Sie in sinnvoll gegliederter Darstellung zum einen die Entwicklung zwischen 1950 und 2003 im Sinne einer zunehmenden Industrialisierung und Bedeutungsabnahme der Landwirtschaft darstellen. Zum anderen ist unter Berücksichtigung der sozioökonomischen Situation in der Landwirtschaft, der Weltmarktsituation für Agrargüter, allgemeiner Globalisierungstendenzen und der statistischen Eckdaten eine nach Wirtschaftsbereichen differenzierte, in der Summe vorsichtig-positive Gesamtbewertung künftiger Entwicklungsmöglichkeiten zu formulieren.

Strukturwandel der Gesamtwirtschaft

Gesamtwirtschaftlich betrachtet hat die **Landwirtschaft** in Costa Rica stark an Bedeutung verloren. Dies beweist nicht zuletzt die deutlich **geringere Produktivität** gegenüber der **Industrie** und dem **Dienstleistungssektor**: 16 % in der Landwirtschaft Beschäftigte erwirtschaften nur 9 % des BIP, während die Relation bei der Industrie 23 : 29 und im Dienstleistungssektor 61 : 62 lautet (M 8, M 9). Dies verdeutlicht, dass vor allem dem tertiären Sektor eine immer größere Bedeutung zukommt, wobei seit 1991 der **Tourismus** mit einem stetigen jährlichen Wachstum zum zweitwichtigsten **Devisenbringer** geworden ist (M 10, M 13). Die Karibik ist seit den 80er-Jahren beliebtes Ziel für Fernreisende vor allem aus den USA, Japan und Europa geworden. Davon konnte Costa Rica nicht unerheblich profitieren. Allerdings zeigt die Entwicklung der Deviseneinnahmen durch den Tourismus Anfang des 21. Jh. im Zuge der weltweiten **Rezession** einen leichten Rückgang (M 10). Es bleibt abzuwarten, inwiefern sich eine längere weltweite Baisse oder Rezessionsphase beim Ferntourismus niederschlägt bzw. welchen Marktanteil Costa Rica dauerhaft in diesem Sektor erreichen kann.

Bedeutung der Industrie

Als ein an Bodenschätzen armes Land (Atlas) musste Costa Rica zunächst eine eigene Industrie aufbauen, bevor schrittweise ab 1979 industrielle Exportwaren in der **Handelsbilanz** mit steigendem Anteil zu verzeichnen waren. Bis zur Gegenwart haben industrielle Produkte den landwirtschaftlichen Erzeugnissen deutlich den Rang abgelaufen (M 11 d). Als besonders wichtige **Exportprodukte** hat das Land Elektronik und Medizintechnik aufzuweisen. Dies zeigt zum einen die Entwicklung einer wachstums- und zukunftsorientierten Industrie, zum anderen erklärt es die insgesamt günstigen Wirtschafts- und Sozialindices. Hierbei ist vor allem die stetige Zunahme von **Direktinvestitionen** seit 1990 zu nennen (M 13). Daneben deuten 47 % Export weiterer Industriewaren die **Diversifizierung der industriellen Produktion** an (M 11 d).

Die Materialien erlauben keine Aussagen zur räumlichen Verteilung der **Industriestandorte**. Geht man aber davon aus, dass die Industriestandorte mit den räumlichen Schwerpunkten der Bevölkerung weitgehend übereinstimmen, so ergeben sich Industriekonzentrationen im zentralen Hochland sowie in den Hafenstädten Puerto Limón und Puntarenas. Aufgrund des Reliefs sind schwierige inländische **Transportverhältnisse** zu erwarten. Die verkehrsmäßige Anbindung des zentralen Hochlandes an die Hafenstädte ist als ungünstig zu bewerten (M 3).

Handelsstruktur Costa Ricas

Die Handelsstruktur Costa Ricas spiegelt den **wirtschaftlichen Aufschwung** des Landes nur zum Teil wider: So verzeichnet das Land seit 1975 durchgängig ein **Handelsdefizit**. Andererseits steigen Im- und Exportwerte ständig, im letzten Jahrzehnt sogar sprunghaft. Aufgrund der Tourismuseinnahmen stellt sich die wirtschaftliche Gesamtbilanz positiv dar, zumal die in der **Importstruktur** ausgewiesenen **Investitionsgüter** einen weiteren wirtschaftlichen Aufschwung unterstützen (M 10, M 11 c). Der Wegfall der importierten **industriellen Zwischenprodukte** gegenüber 1979 spiegelt ebenfalls die industrielle Weiterentwicklung des Landes wider (M 11).

Fazit: Wandel vom Agrarstaat zur Industriegesellschaft

Die Landwirtschaft spielt in Costa Rica noch immer eine bedeutende Rolle. Allerdings lassen Anbau- und Besitzstrukturen kaum noch Steigerungen hinsichtlich Produktivität oder Exportanteil zu. Hingegen haben sekundärer und tertiärer Sektor in den letzten 25 Jahren deutlich an Bedeutung gewonnen. Costa Rica kann aufgrund der **Wirtschaftsindikatoren** der letzten Jahre (M 13) inzwischen als verlässlicher Handelspartner gelten. Die für lateinamerikanische Verhältnisse niedrige Inflationsrate, die geringe Arbeitslosenquote, deutliche Zuwächse beim BIP und der Rückgang der **Auslandsverschuldung** auf nur noch 30 % BSP-Anteil verdeutlichen dies. Zudem beweisen die stetig gestiegenen **Auslandsinvestitionen** das Vertrauen in die Stabilität Costa Ricas. Besonders Letzteres verdeutlicht, dass das Land im Begriff ist, seinen Wandel von einer reinen **Agrargesellschaft** zu einer **Industriegesellschaft** zu vollenden.

Leistungskurs Erdkunde (NRW) – Aufgabe 7: Chance für Stadt und Region? – Die Neue Mitte Oberhausen

Aufgabenstellung

1. Beschreiben Sie die Folgen der ungeplanten Stadtentwicklung Oberhausens für den Kernstadtbereich.
2. Erläutern Sie die Überschrift einer Veröffentlichung des Presse- und Werbeamtes der Stadt Oberhausen aus dem Jahr 1992: „Eine Chance für Stadt und Region – Die Neue Mitte Oberhausen."
3. Überprüfen Sie, ob sich diese Aussage bis zum Jahr 2005 bewahrheitet hat.

Materialgrundlage

M 1 Geeignete Atlaskarten

M 2 Entstehung der Stadt Oberhausen

Eine Stadt aus dem Nichts, ein echtes Kind des Industriezeitalters: Oberhausen. Ganze 730 Einwohner im Jahr 1843, bereits mehr als 100 000 nur 75 Jahre später. Eine Bahnhofsgründung der Köln-Mindener-Eisenbahn bildete die Keimzelle, Zechen und Hüttenwerke ließen Oberhausen danach in kurzer Zeit explodieren. Als Anfang der 60er-Jahre des 19. Jahrhunderts eine erste geordnete städtische Planung Ordnung schaffen sollte, war es bereits zu spät, denn fast der gesamte städtische Boden war im Besitz von Industrie und Bahngesellschaften.

Als Stadtmitte bestimmt wurde damals das Gebiet nordöstlich des Bahnhofs, das heutige Alt-Oberhausen. Um die weiter entfernt liegenden Siedlungskerne anzubinden, baute man quer durch das gesamte Stadtgebiet Haupt- und Verbindungsstraßen. Das alte Zentrum selbst ließ sich weder ausbauen noch deutlich umgestalten, da ein riesiges Hüttenwerk im Wege stand. Bis in die Gegenwart leidet Oberhausen an den Folgen seiner ungeordneten Geburtsphase.

Quelle: eigene Zusammenstellung

M 3 Oberhausen 1979

Quelle: © Geobasisdaten: Landesvermessungsamt NRW, Bonn, 1485/2006

M 4 Bevölkerungsdichte in den statistischen Bezirken Oberhausens 1993

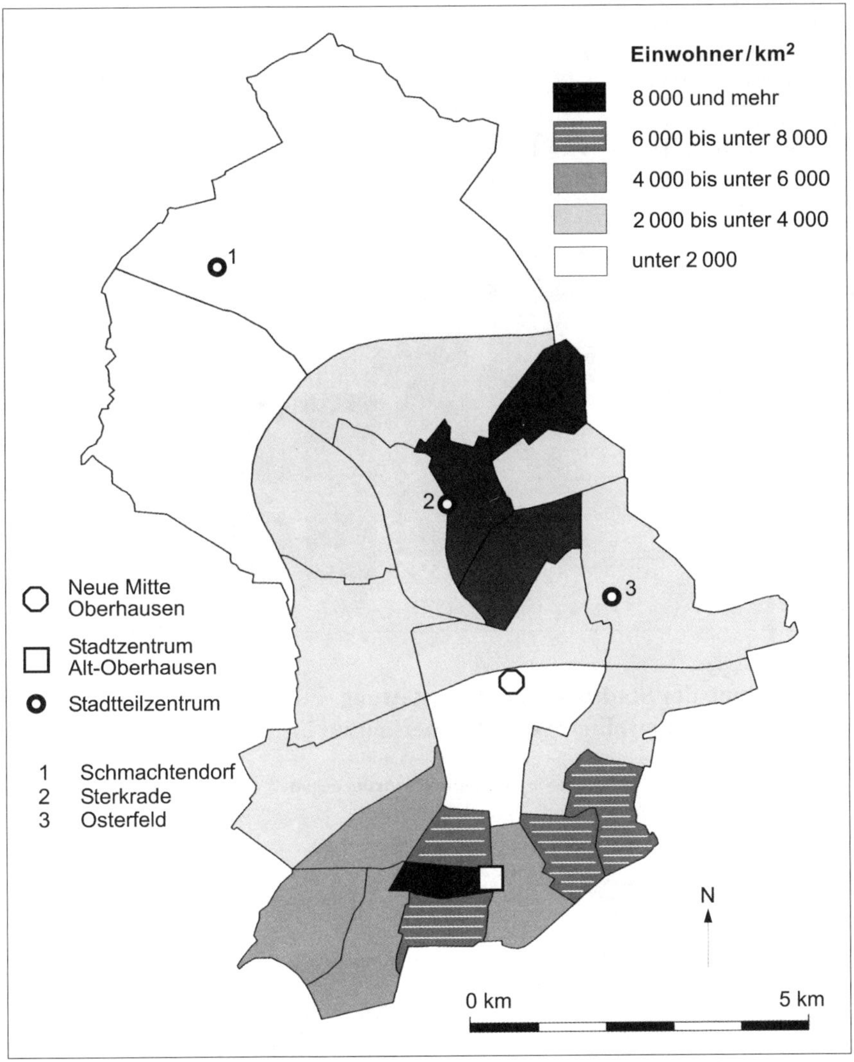

Quelle: © Stadt Oberhausen – Bereich Statistik und Wahlen

M 5 Oberhausen: Beschäftigte nach Wirtschaftszweigen

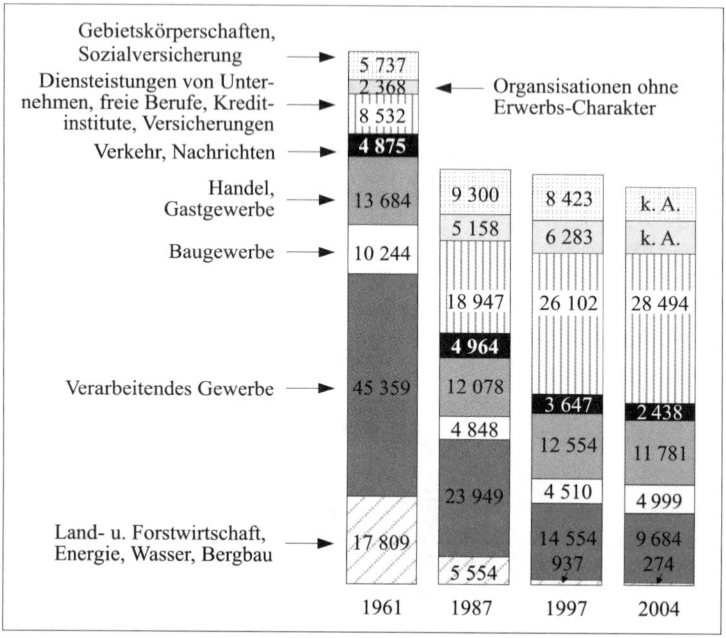

Quelle: © Stadt Oberhausen – Bereich Statistik und Wahlen

M 6 Bewertung der Stadtteilzentrenausstattung aus Sicht der Bewohner von Alt-Oberhausen im Jahr 1993

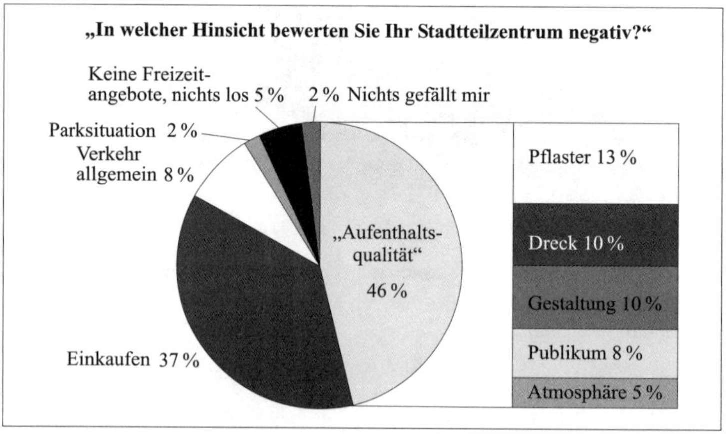

Anmerkung: In Sterkrade und Osterfeld ergaben Befragungen ähnliche Ergebnisse.

Quelle: © Lüthje, Kurt; Büro für Strukturentwicklung (BfS-Plein). Modellvorhaben: Freizeitorientierte städtebauliche Aspekte im Zentrenkonzept der Stadt Oberhausen. 1999, S. 61

M 7 Internationaler Zukunftsstandort „Neue Mitte Oberhausen“

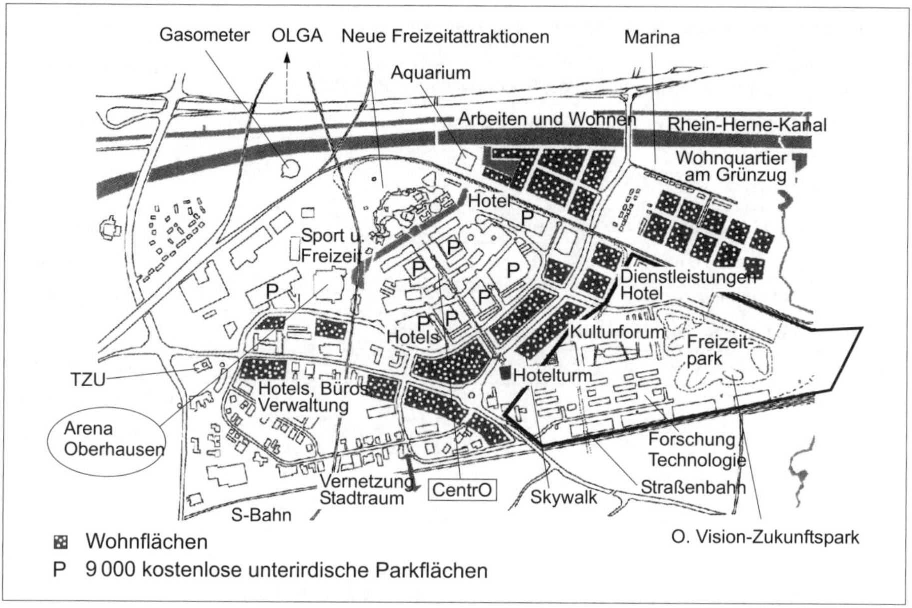

Quelle: Masterplankonzept Neue Mitte Oberhausen vom 26.06.2000, S. 17

OLGA	Oberhausener Landesgartenschau-Gelände 1999
Gasometer	größter Gasometer Deutschlands (stillgelegt), wird als Ausstellungshalle sowie als Aussichtsplattform genutzt
Marina	Bootsgelände am Rhein-Herne-Kanal für Freizeitsport
CentrO	überregionales Einkaufszentrum mit 200 Geschäften und 9 000 meist überdachten, kostenlosen Parkplätzen
TZU	Technologiezentrum
außerdem:	Arena Oberhausen (Mehrzweckhalle für 20 000 Besucher), Freizeitpark, Sportanlagen, Multiplex-Kino, 750 neue Wohnungen

M 8 Neue Mitte Oberhausen – Daten und Fakten

Investitionen im Bereich Neue Mitte Oberhausen (Auszug)	
Einkaufszentrum (überdacht, mehr als 200 Geschäfte, über 9 000 kostenlose Parkplätze)	900 Mio. DM
Arena Oberhausen (Mehrzweckhalle, 20 000 Plätze)	100 Mio. DM
Büro- u. Gewerbebauten	300 Mio. DM
Trasse für ÖPNV	275 Mio. DM
Ausbau Autobahnanschlussstelle Neue Mitte	44 Mio. DM
Technologiezentrum HDO	130 Mio. DM
750 neue Wohneinheiten	180 Mio. DM
Einzugsgebiet der Neuen Mitte Oberhausen (Zeitradien)	
Bei 30 Minuten	5 Mio. Menschen
Bei 60 Minuten	15 Mio. Menschen
Bei 2 Stunden	30 Mio. Menschen

Anmerkung zur Umrechnung: 1,95583 DM = 1 EUR

Quelle: Stadt Oberhausen, Presse- und Werbeamt 1994

M 9 a Arbeitsstätten und Beschäftigte nach Stadtbezirken

		Stadt	**Alt-Oberhausen**		**Sterkrade**	**Osterfeld**
			insgesamt	**davon Neue Mitte**		
1961	Arbeitsstätten	7 465	4 113		2 180	1 123
	Beschäftigte	108 608	61 506		26 360	16 566
1970	Arbeitsstätten	6 435	3 471		2 013	951
	Beschäftigte	92 839	49 899		26 723	16 217
1987	Arbeitsstätten	5 309	2 774	42	1 815	720
	Beschäftigte	80 130	42 970	4 233	26 277	10 883
1995	Arbeitsstätten	5 306	2 809	140	1 830	667
	Beschäftigte	80 468	44 582	3 209	27 789	8 097
2001	Arbeitsstätten	5 291	2 952	544	1 748	591
	Beschäftigte	83 299	46 185	10 543	30 218	6 896
2005	Arbeitsstätten	5 202	2 775	556	1 811	616
	Beschäftigte	79 754	40 402	11 528	30 594	8 758

Anmerkung: Ein kleiner Teil der Neuen Mitte liegt im Stadtteil Osterfeld

Quellen: Daten 1961 – 2001: Von der Industrieproduktion zur Dienstleistungswirtschaft. Beiträge zur Stadtentwicklung Nr. 73. Stadt Oberhausen 2003, S. 31;
Daten für 2005: Stadt Oberhausen: Statistisches Jahrbuch 2006, S. 36

M 9 b Entwicklung von Vollzeit- und Teilzeitarbeitsplätzen

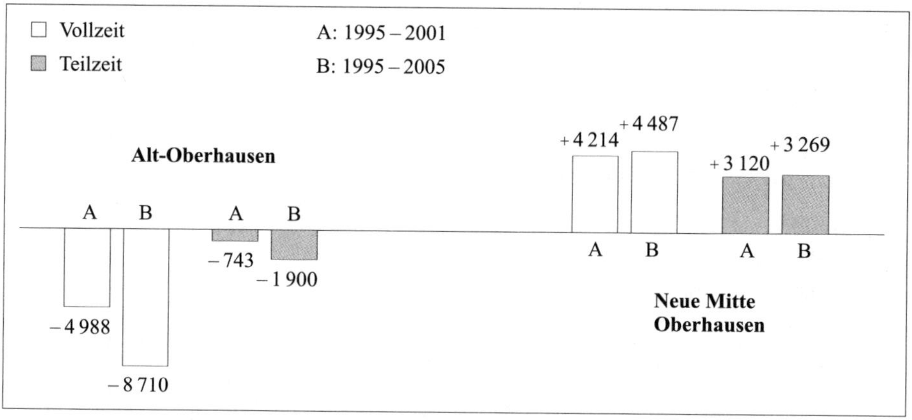

Quelle: Von der Industrieproduktion zur Dienstleistungswirtschaft. Stadt Oberhausen 2003, S. 32; Stadt Oberhausen: Beiträge zur Stadtentwicklung 2006

M 10 Arbeitsplätze in der Neuen Mitte Oberhausen

Bereich	**1995**	**1997**	**1999**	**2001**	**2004**
CentrO	0	4 415	4 661	4 397	4 559
Technologiezentrum	225	434	437	653	k. A.
Gewerbepark „Am Kaisergarten“	45	250	452	704	k. A.
O. Vision	574	233	284	214	6 969
Gewerbepark „Am Technologiezentrum“	1 397	3 891	4 564	3 168	k. A.
Gebiet nördlich der Güterbahnlinie	691	986	1 097	1 407	k. A.
Insgesamt	**2 932**	**10 209**	**11 495**	**10 543**	**11 528**

Quelle: Von der Industrieproduktion zur Dienstleistungswirtschaft. Stadt Oberhausen 2003, S. 38; Stadt Oberhausen: Beiträge zur Stadtentwicklung 2006

M 11 Oberhausen: Gästeankünfte und -übernachtungen

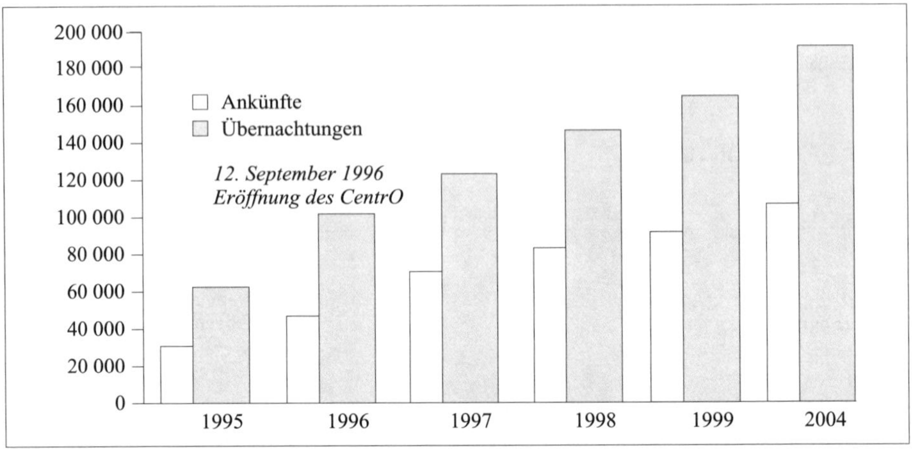

Quellen: Werte für 1995–1998: Lüthje, K., Büro für Strukturentwicklung (BfS-Plein): Modellvorhaben Freizeitorientierte städtebauliche Aspekte im Zentrenkonzept der Stadt Oberhausen, 1999, S. 54; Stadt Oberhausen: Statistisches Jahrbuch 2000 (Werte für 1999) sowie Beiträge zur Stadtentwicklung 2006 (Werte für 2004)

M 12 Jährliche Kaufkraftbilanz Oberhausens seit Eröffnung des CentrO

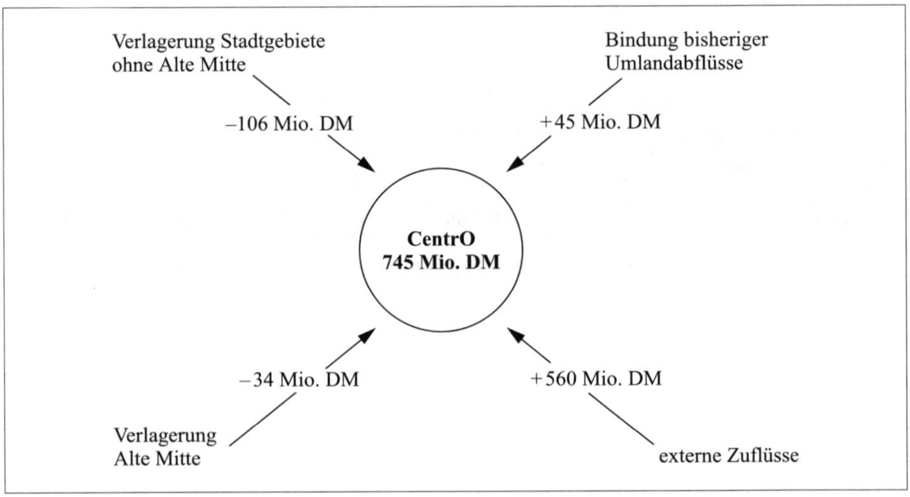

Anmerkung zur Umrechnung: 1,95583 DM = 1 EUR

Quelle: nach Raumökonomische Grundlagenuntersuchung zu den Entwicklungsperspektiven des Einzelhandels in Oberhausen. GWH Dr. Lademann & Partner Hamburg 1998

M 13 Vermuteter Umsatzrückgang des Einzelhandels im Umland Oberhausens – Prognose 1996

Essen		**Dinslaken**	
Zentrum	1,4 %	Zentrum	3,2 %
Altenessen	2,8 %	übriges Stadtgebiet	1,4 %
Borbeck	3,5 %	**Bottrop**	
übriges Stadtgebiet	1,6 %	Zentrum	2,5 %
Mülheim		übriges Stadtgebiet	1,3 %
Zentrum	2,7 %	**Gladbeck**	
Rhein-Ruhr-Zentrum	3,8 %	Zentrum	2,1 %
übriges Stadtgebiet	1,6 %	übriges Stadtgebiet	1,4 %
Duisburg		**Gelsenkirchen**	
Zentrum	1,8 %	Zentrum	1,8 %
Hamborn/Marxloh	3,2 %	Buer	1,9 %
Meiderich	3,3 %	übriges Stadtgebiet	1,2 %
übriges Stadtgebiet	1,4 %		

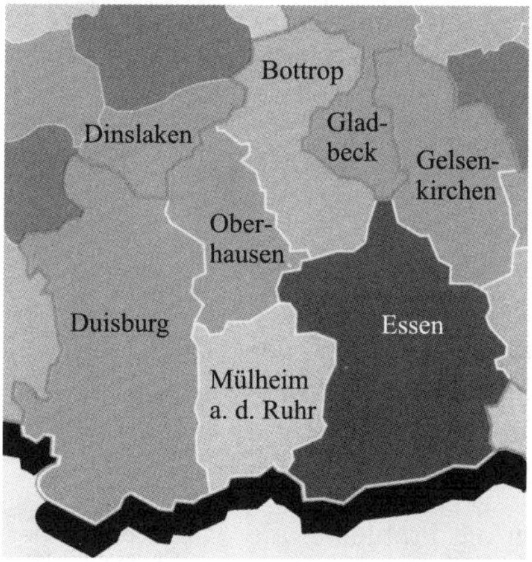

Quelle M 13: Henning Heske: Neue Mitte Oberhausen. Strukturwandel im Ruhrgebiet am Beispiel eines Großprojektes der 90er Jahre. In: Praxis Geographie, Jg. 24 (1994), Heft 7/8, S. 59

M 14 Einkaufspark spaltet das Ruhrgebiet

Die Fronten sind verhärtet. Um rund 30.000 Quadratmeter soll das CentrO in Oberhausen erweitert werden. Die Nachbarstädte laufen Sturm aus Angst vor abwandernden Kunden. […] „Es geht um ein Investitionsvolumen von mehreren 100 Millionen Euro, um 1.000 neue Arbeitsplätze […]“, so der Oberbürgermeister der Stadt Oberhausen. […] Das Oberverwaltungsgericht Münster soll im Eilverfahren (Anm.: auf Antrag der Bezirksregierung Düsseldorf) über die Rechtmäßigkeit der eigentlichen Bebauungssatzung entscheiden. Sei sie nicht rechtmäßig – etwa weil die derzeit 70.000 Quadratmeter des CentrOs die rechtliche Obergrenze seien – könne man die Baugenehmigungen widerrufen. Auch die umliegenden Revierstädte wollen klagen.

Quelle: Andreas Böhme, Ruhr Nachrichten, Dortmund 1/2006 (gekürzt und ergänzt)

Hilfsmittel: Der an der Schule eingeführte Atlas

Bezüge der Aufgabe zu den „Vorgaben zu den unterrichtlichen Voraussetzungen für die schriftlichen Prüfungen im Abitur in der gymnasialen Oberstufe" im Jahr 2007

Inhaltliche Schwerpunkte:

- Raumstrukturen und raumwirksame Prozesse im Spannungsfeld von wirtschaftlichen Disparitäten und Austauschbeziehungen
  - Wandel von Standortfaktoren in seiner Wirkung auf industrieräumliche Strukturen
  - Zentralität als Ausdruck funktionaler Verflechtungen im städtischen und ländlichen Raum
  - Tertiärisierung als Motor für die räumliche Verteilung von Arbeitsplätzen
  - Wandel städtischer Strukturen unter dem Einfluss der Tertiärisierung

Lösungsvorschlag

Teilaufgabe 1

Erwartet wird die systematische Darstellung des ungeordneten Stadtkernbereiches und deren negative Folgen. Als Grund müssen Sie das plötzlich einsetzende Städtewachstum im Zeitalter der Industrialisierung anführen. Im Hinblick auf den Themenschwerpunkt muss die durch vier in etwa gleichbedeutende Nebenzentren geprägte Versorgungsstruktur problematisiert werden.

Innerstädtische Gegebenheiten vor 1993

Die topografische Karte von 1979 verdeutlicht die Probleme, die sich aufgrund des **ungeordneten Wachstums** der Stadt Oberhausen bis ins 20. Jh. ergeben haben: **Siedlungs-, Gewerbe- und Verkehrsflächen** finden sich mehrfach durchmischt selbst in unmittelbarer Nähe des ursprünglichen **Stadtzentrums**. Es ist erkennbar, dass eine innerstädtische Gliederung, wie sie bei Großstädten normalerweise vorliegt, hier nicht vorhanden war. Die Stadt wird in allen Richtungen von großen Verkehrsadern wie Eisenbahnlinien (mehrfach), der Europastraße E 3 im Westen, dem Rhein-Herne-Kanal im Norden sowie der B 231 in der Mitte durchschnitten (M 2, M 3).

Hieraus haben sich große **innerstädtische Verkehrsprobleme** entwickelt. Die Gewerbeflächen, z. B. das Gebiet des Thyssen Stahl- und Walzwerkes, befand sich nördlich bzw. nordöstlich von Alt-Oberhausen, nur ca. 5 km Luftlinie entfernt (M 3). Das große Verkehrsaufkommen, das ein solcher **Schwerindustriestandort** mit sich bringt, dürfte die Stadt enorm belastet haben. Auch in anderer Hinsicht (Luftverschmutzung, Lärmbelastung) lag 1979 eine starke Beeinträchtigung der Wohn- und Lebensqualität vor. Die Bevölkerungsdichtekarte beweist, dass in unmittelbarer Nähe zu den Gewerbegebieten die Stadtbereiche mit der höchsten **Bevölkerungsdichte** vorhanden waren. Die wenigen Grünanlagen wie z. B. der westlich gelegene Kaisergarten dürften keinen vollständigen Ausgleich dargestellt haben (M 4).

Zentrenstruktur im Jahr 1993

Sowohl der bevölkerungsmäßige als auch der funktionale Schwerpunkt Oberhausen befanden sich im Jahr 1993 deutlich im Süden der Stadt östlich des Bahnhofs: Alt-Oberhausen wies mehr als 8 000 Einwohner/km^2 auf – bei diesem Wert handelt es sich um die höchste Einwohnerdichte, die in Deutschland gemessen wurde. Auch die unmittelbar an Alt-Oberhausen angrenzenden Stadtteile weisen mit 6 000 – 8 000 Einwohnern pro km^2 extrem hohe Dichtewerte auf (M 4).

Teilaufgabe 2

Anhand von M 6 – M 8 sollen Sie, ausgehend von der Strukturkrise im Ruhrgebiet, die innerstädtische und verkehrsmäßige Lagegunst der industriellen Großbrache in Oberhausen erläutern (d. h. Sachzusammenhänge mit Hilfe ergänzender Informationen verdeutlichen) und im Hinblick auf eine nachträgliche Zentrenentwicklung an der Stelle des ehemaligen Schwerindustriestandortes verdeutlichen. Achten Sie darauf, dass Sie jeweils zwischen Neuer Mitte und CentrO differenzieren.

Wahrscheinlich aufgrund der Nord-Süd-Erstreckung der Stadt, aber wohl auch wegen der **Zergliederung des Stadtgebietes** durch Autobahnen, Eisenbahnen und Kanal (überwiegend von Westen nach Osten verlaufend) hatten sich vor 1993 drei weitere **Stadtteilzentren** herausgebildet, nämlich Osterfeld, Sterkrade und Schmachtendorf (M 4). Alle drei liegen nördlich der A 42 und des Kanals. Es ist anzunehmen, dass sich die Bevölkerung, die sich nördlich dieser wie eine Barriere wirkenden, parallel zueinander verlaufenden **Verkehrsachsen** angesiedelt hat, zu den drei nördlichen Stadtteilzentren hin orientiert hat. Somit besaß Oberhausen 1993 **keine echte Stadtmitte**, vielmehr gab es vier eigenständige Zentren.

Im Zuge der **Wirtschaftskrise im Ruhrgebiet** war es auch in Oberhausen zu einem deutlichen Rückgang der Beschäftigten und zu einer **Zunahme der Arbeitslosen** gekommen (M 5, M 9 a). Hiervon waren vor allem die Branchen Energie, Wasser und der **Bergbau** betroffen, die von 1961–1987 mit 12 255 ca. 70 % der Arbeitsplätze verloren, sowie das verarbeitende Gewerbe und somit die **Eisen- und Stahlindustrie**, die mehr als 20 000 Arbeitsplätze verloren. Ebenso betroffen war das Baugewerbe, das 53 % seiner Arbeitsplätze aufgeben musste (M 5).

Während diese **Strukturkrise** für die damals einseitig an der **Schwerindustrie** orientierte Stadt Oberhausen ein großes Wirtschaftsproblem darstellte, boten sich aufgrund der **Industriebrachen** innerhalb der Stadt plötzlich neue Möglichkeiten für die **Stadtplanung**, zumal das große Gebiet des ehemaligen Thyssen-Werkes günstig mitten in der Stadt lag. Bürgerbefragungen verdeutlichen den Bedarf nach einer neuen Stadtmitte: In Alt-Oberhausen kritisierte fast die Hälfte der ansässigen Bevölkerung die **Aufenthaltsqualität** in ihrem Stadtteilzentrum. Mit dem **Warenangebot** ihres Zentrums war etwa ein Drittel der Bevölkerung nicht zufrieden. Über die allgemeine **Verkehrssituation** äußerten sich ca. 10 % deutlich kritisch. Zudem wurde ein ausreichendes **Freizeitangebot** vermisst (M 6).

Räumliche und infrastrukturelle Zielsetzungen der Neuen Mitte

Die Planer setzten ihre Hoffnungen auf die **zentrale Lage** der Neuen Mitte: Sie ist verkehrsmäßig günstig an das regionale und überregionale Verkehrsnetz angebunden, vor allem an das dichte Autobahnnetz Nordrhein-Westfalens. Sie hat ein Einzugsgebiet von 15 Mio. Menschen aus Nordrhein-Westfalen bzw. aus dem Ruhrgebiet bei einer bis zu einstündigen **Pendelfahrt** im Nahbereich und von sogar 30 Mio. Menschen bei einer ca. zweistündigen Anfahrt (M 8).

Es ist erkennbar, dass die Stadtplaner ein möglichst vollständiges **Stadtzentrum** schaffen wollten, das alle Funktionen berücksichtigt. Im Kern der Neuen Mitte befindet sich mit dem CentrO ein überdachtes Geschäftszentrum mit mehr als 200 Geschäften. Angesichts der hohen Investitionssumme von 900 Mio. DM (= ca. 450 Mio. EUR) und des hohen Flächenanteils kam diesem **Einkaufszentrum** innerhalb der Neuen Mitte eine entscheidende Bedeutung zu (M 7, M 8).

Die Neue Mitte ist für die Bewohner Oberhausens sehr gut erreichbar: Im **Masterplankonzept** (M 7) ist ein kilometerlanger

Skywalk sowie eine neue **ÖPNV-Trasse** vorgesehen. Für die inner- und außerstädtischen Besucher, die per Pkw kommen, wurden ca. 9 000 **kostenlose Parkplätze** in Tiefgaragen geschaffen. Die gute **Erreichbarkeit** stellt einen deutlichen **Wettbewerbsvorteil** gegenüber den Innenstädten anderer Ruhrgebietsstädte dar. Den Nachteil einer evtl. längeren Anfahrt macht die Autobahnanschlussstelle an der A 42 wett, die weniger als 2 km von der Neuen Mitte entfernt ist (M 3).

Der Grundriss der Neuen Mitte stellt sich im Unterschied zum sonstigen Stadtgebiet sehr geordnet dar. Die einzelnen **Funktionsbereiche** sind deutlich voneinander getrennt, aber untereinander gut erreichbar. Einen großen Flächenanteil nehmen Grün- und Naherholungsflächen ein, angesichts der hohen **Verdichtung** eine notwendige stadtplanerische Korrektur. Mit der Marina, der Arena Oberhausen, dem Freizeitpark und weiteren Sportanlagen befriedigt die Neue Mitte Freizeitnachfragen, die die Bewohner der drei Stadtteilzentren durch ihre Kritik indirekt gefordert hatten (M 6, M 7).

Die **Mischnutzung** der Neuen Mitte unterstreichen die halbkreisförmig um das CentrO geplanten Wohnbereiche, die ihren Schwerpunkt im Nordosten haben, dort, wo der **innerstädtische Grünzug** in der Nähe des Rhein-Herne-Kanals verläuft. Die Neue Mitte soll zu dem in Oberhausen notwendigen **Strukturwandel** durch vielfältige **Arbeitsplatzangebote** im Dienstleistungsbereich beitragen. Hierzu zählen die Bereiche Hotelgewerbe, Gastronomie, Freizeitindustrie, sog. tertiäre Gewerbe und Arbeitsplätze im Technologiezentrum (M 9 a–M 10).

Teilaufgabe 3

Bei dieser Teilaufgabe geht es darum, anhand der Wirtschafts- und Sozialdaten die allgemeine Entwicklung Oberhausens im Zusammenhang mit derjenigen der Neuen Mitte darzustellen. Der entscheidende Beitrag der Neuen Mitte zum Strukturwandel – und innerhalb der Neuen Mitte die besondere Funktion des überregionalen Einkaufszentrums CentrO – sind zu erläutern und vor dem Hintergrund des abflachenden Aufschwungs seit spätestens 2000 im Hinblick auf weitere Expansionsmöglichkeiten kritisch zu untersuchen und zu bewerten (Operator „überprüfen“).

Die **Beschäftigungsstruktur** Oberhausens hat sich seit 1987 relativ positiv entwickelt: Die Anzahl der im Dienstleistungsbereich Beschäftigten hat sehr deutlich zugenommen, die allgemeine Abnahme von Arbeitsplätzen konnte gestoppt werden (M 5). Diese positive Entwicklung ist vor dem Hintergrund des völliges Verschwindens von Bergbau und Schwerindustrie umso bemerkenswerter.

Auswirkungen der Neuen Mitte auf Stadt und Umland

Die Neue Mitte Oberhausen hat an der Arbeitsplatzentwicklung einen entscheidenden Anteil, konnten doch bereits bis 2001 mehr als 10 000 neue Arbeitsplätze geschaffen werden, davon deutlich mehr als die Hälfte im **tertiären Sektor**. Allerdings ist seit 1999 bei der Arbeitsplatzentwicklung ein erster Höchstwert erreicht worden, der nach einem Zwischentief 2001 im Jahr 2004 nur knapp überboten wurde (M 10). Vergleicht man zudem die Entwicklung von **Vollzeit- und Teilzeitarbeitsplätzen** seit 1995 bzw. seit 2001, so kann die positive Entwicklung in der neuen Mitte lediglich bei den Teilzeitarbeitsplätzen die weiteren Rückgänge z. B. in Alt-Oberhausen kompensieren (M 9 b).

Die Neue Mitte wurde sofort als Freizeit- und Einkaufszentrum angenommen: Da sie in konzentrierter Form weitere Freizeitangebote bereithält, werden die alten Kino- und Gastronomiestandorte zunehmend weniger konkurrenzfähig.

Neue Mitte zieht Menschen und Kapital aus dem Umland an

Oberhausen verzeichnete seit Eröffnung der Neuen Mitte deutliche **Umsatzgewinne**: Zum einen blieb aufgrund des attraktiveren Angebots ein Teil des Oberhausener Geldes in der Stadt (45 Mio. DM), zum anderen brachten auswärtige **Einpendler** jährlich insgesamt 560 Mio. DM in die Stadt, wobei nicht unterschieden werden kann, welchen Anteil die **Umlandgemeinden** daran haben (M 12). In jedem Fall ist die Prognose eingetroffen, dass durch die Entstehung der Neuen Mitte den Umlandgemeinden Oberhausens eine Konkurrenz entstehen werde, die zu Umsatzeinbußen in diesen Gemeinden führen werde. Das Material erlaubt jedoch keine exakte Überprüfung der kommunenbezogenen Prognosen aus dem Jahr 1996 (M 13).

Aber nicht nur innerstädtisch und im Nahraumbereich scheint sich das Konzept der Neuen Mitte Oberhausen auszuzahlen. Dies belegen u. a. die deutlich gestiegenen Übernachtungszahlen von 60 000 auf knapp 190 000 bis zum Jahr 2004 sowie die **Ankunftszahlen von Touristen**, die von 30 000 auf über 113 000 im selben Zeitraum gestiegen sind (M 11). Hierfür scheint weniger das

Geschäfts- als vielmehr das kulturelle Angebot ausschlaggebend zu sein. Allerdings bleiben immer weniger Gäste für mehr als eine Nacht in Oberhausen, eine Entwicklung, die in Deutschland auch aus anderen „Musical“-Hotelstädten zu beobachten ist.

Dennoch ist eine gewisse Skepsis angebracht, was die langfristigen Prognosen in einigen Bereich betrifft, wenn man zum Beispiel die Abnahme der durchschnittlichen Verweildauer der Übernachtungsgäste betrachtet. In jedem Fall werden weitere **Investitionen** notwendig sein, um dem zunehmenden **Konkurrenzdruck** anderer **Shopping-Center** in Nordrhein-Westfalen gewachsen zu sein: Die Höhe des verfügbaren Einkommens der **Konsumenten** bleibt schließlich gleich, unabhängig davon, wie viele Kommunen attraktive Vorhaben für die Zukunft planen. Die **Kaufkraft** in der Region wird in etwa konstant bleiben, aber es wird ein neuer Verteilungs- und Verdrängungswettbewerb stattfinden (M 13).

Zusammenfassung und Ausblick

Vor diesem Hintergrund ist auch die nicht ganz unberechtigte Angst der Nachbarkommunen vor einer weiteren Ausdehnung des CentrO zu verstehen (M 14). Nach zehn Jahren kann festgestellt werden, dass die Stadt Oberhausen die Chance genutzt hat, die sich aus der Krise im Bergbau bzw. in der Eisen- und Stahlindustrie und damit durch die Aufgabe großer Industrieflächen im Stadtgebiet ergeben haben. Die Neue Mitte wird erkennbar von der Oberhausener Bevölkerung angenommen. Daneben zieht das Angebotskonzept der Neuen Mitte deutlich **Besucher- und Kapitalströme aus den Umlandgemeinden** und dem Ruhrgebiet an, auch überregional stößt das kulturelle Angebot auf deutliches Interesse. Eine sichere Prognose hinsichtlich der zukünftigen Entwicklung ist gegenwärtig jedoch nicht möglich.

Abiturprüfung Erdkunde (NRW) – Aufgabe 8: Raumentwicklung und Raumordnung 1990–2000 im Verflechtungsraum Brandenburg–Berlin nach der deutschen Wiedervereinigung

Aufgabenstellung

1. Erklären Sie den Begriff „Suburbanisierung".
2. Erläutern Sie, inwiefern das vorgelegte Material Aspekte von Suburbanisierung im engeren Verflechtungsraum Brandenburg-Berlin von 1990–2000 darstellt.
3. Erörtern Sie das raumordnerische Leitbild im Sinne des Themas.

Materialgrundlage

M 1 Geeignete Atlaskarten

M 2 Länder Berlin und Brandenburg mit engerem Verflechtungsraum

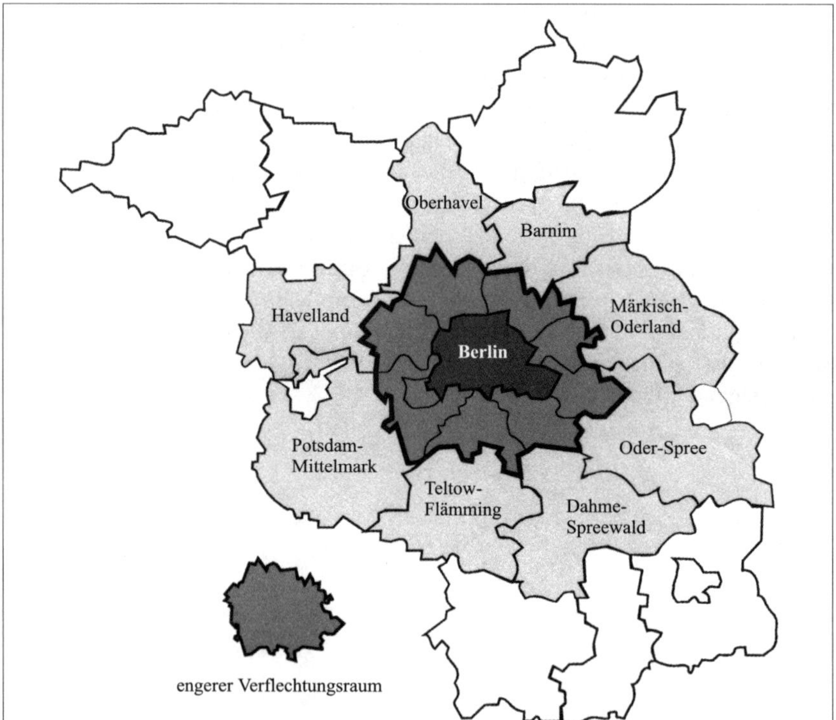

Quelle: Wilhelm Hinrichs: Wohnsuburbanisierung am Beispiel Berlin. Berlin 1999 (abrufbar unter http://skylla.wz-berlin.de/pdf/1999/iii99-401.pdf, Zugriff am 05.05.06)

M 3 Bevölkerungspyramide von Berlin-Ost und Berlin-West 1990 und 1999

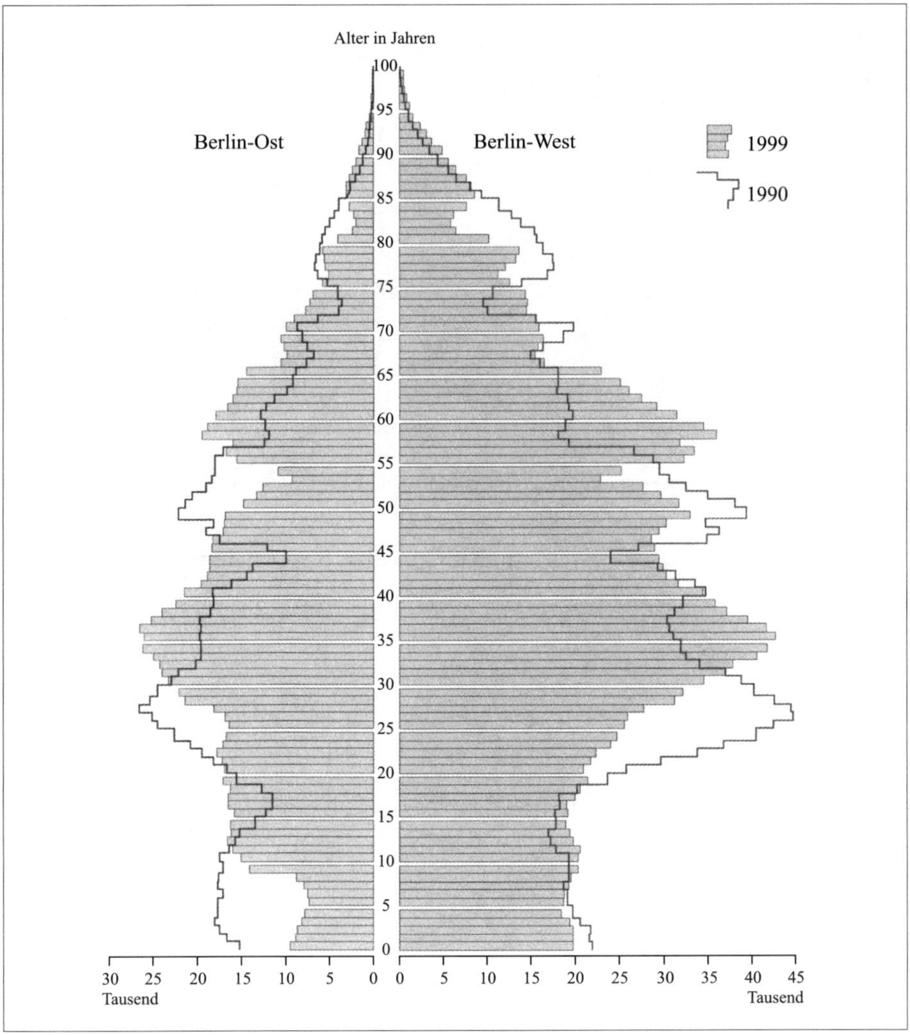

Quelle: © Statistisches Landesamt Berlin, 2000 (www.statistik-berlin.de)

M 4 Bevölkerungsentwicklung in Berlin ab 1991

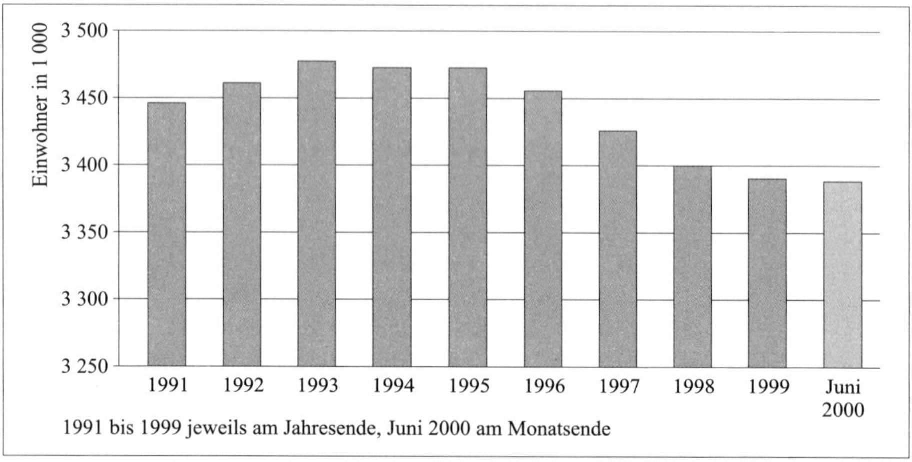

Quelle: © Statistisches Landesamt Berlin, 2000 (www.statistik-berlin.de)

M 5 Wanderungssalden zwischen den einzelnen Bezugsräumen 1991–1998

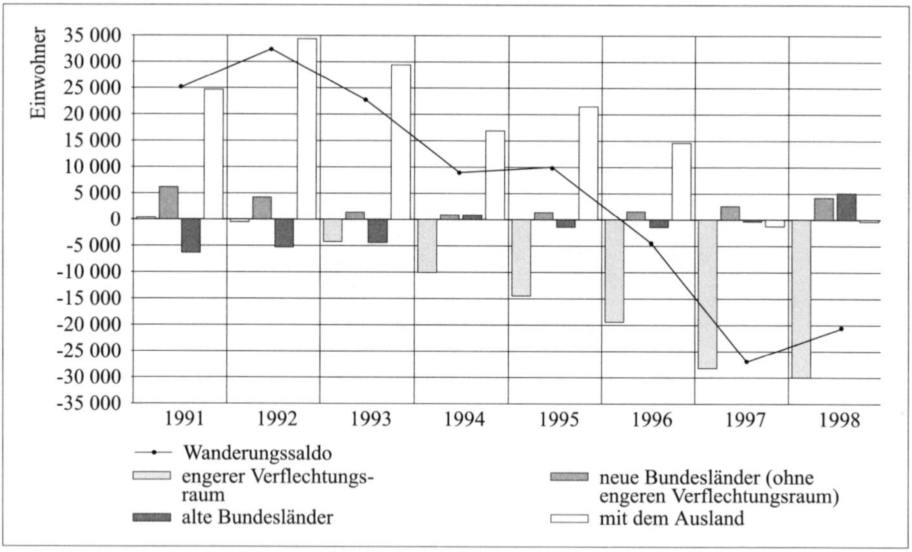

Quelle: © Senatsverwaltung für Stadtentwicklung, Berlin

M 6 a Bevölkerungsentwicklung in Berlin und Brandenburg

Jahr (Stand Jahresende)	Berlin			Brandenburg
	Bevölkerung	Wanderungssaldo	Geburten-/ Sterbesaldo	Bevölkerung
1991	3 446 031	25 428	– 13 092	2 542 723
1993	3 475 392	22 193	– 12 549	2 537 661
1995	3 471 418	10 006	– 10 597	2 542 042

M 6 b Bevölkerungsentwicklung im engeren Verflechtungsraum Brandenburg-Berlin

Jahr	Bevölkerung
1995	806 386
1997	855 645
1999	916 527

Quelle M 6 a und M 6 b:
nach http://www.brandenburg.de/lds/daten/bw/tab20.htm (Zugriff am 16.12.00)

M 6 c Prognosen der Bevölkerungsentwicklung

	2000	2002	2005	2010	2015	2020	Veränderung 2002 – 2020	
							absolut	in %
Berlin	3 382	3 392	3 417	3 417	3 403	3 366	– 26	– 0,8
Umland	938	967	984	999	1 011	1 015	+ 48	+ 5,0
Gesamtregion	4 320	4 360	4 393	4 416	4 414	4 382	+ 22	+ 0,5

Quelle: Senatsverwaltung für Stadtentwicklung Berlin:
Bevölkerungsentwicklung in der Metropolregion Berlin 2002 – 2020 (abrufbar unter http://www.stadtentwicklung.berlin.de/planen/bevoelkerungsprognose/download/metropolreg.pdf, Zugriff am 09.05.2006)

M 7 Fertig gestellte neue Wohngebäude im engeren Verflechtungsraum Brandenburg-Berlin im Zeitraum 1991–1999

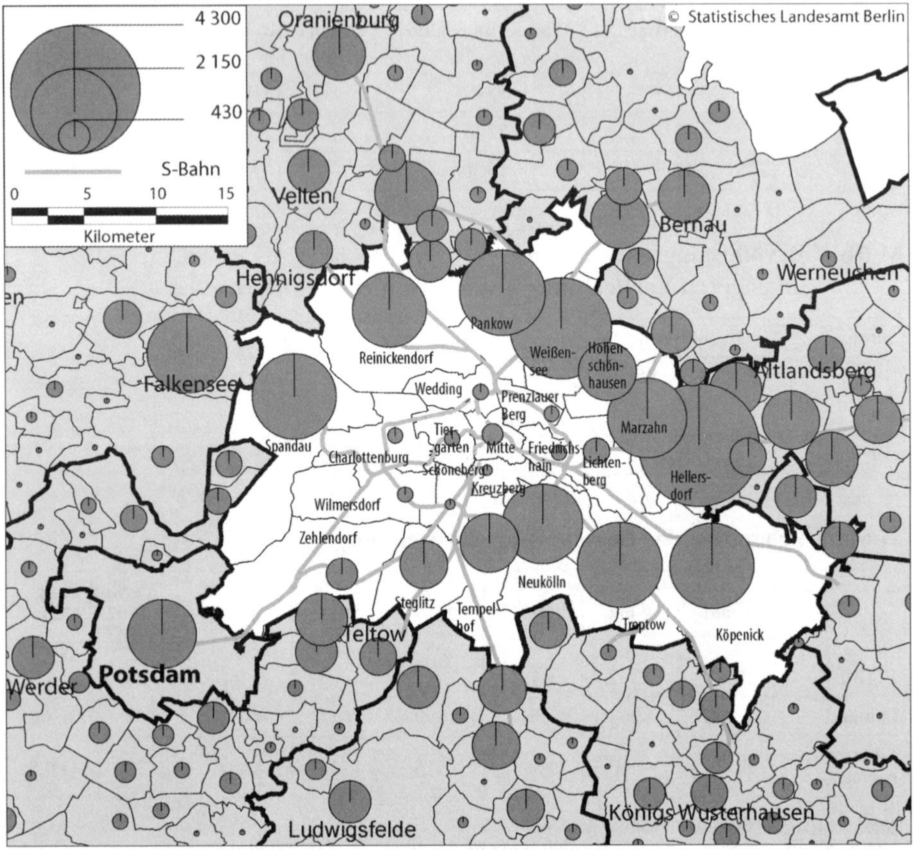

M 7 und M 8 Datenquellen: Die Daten zu den fertig gestellten Wohnungen bzw. zur Bevölkerung in den Berliner Bezirken stammen vom Statistischen Landesamt Berlin; die Daten zu den fertig gestellten Wohnungen bzw. zur Bevölkerung in den Gemeinden Brandenburgs stammen vom Landesbetrieb für Datenverarbeitung und Statistik, Land Brandenburg.

Quelle: © Statistisches Landesamt Berlin, 2000 (www.statistik-berlin.de/)

M 8 Veränderung der Bevölkerungszahl im engeren Verflechtungsraum Brandenburg-Berlin 1999 gegenüber 1990

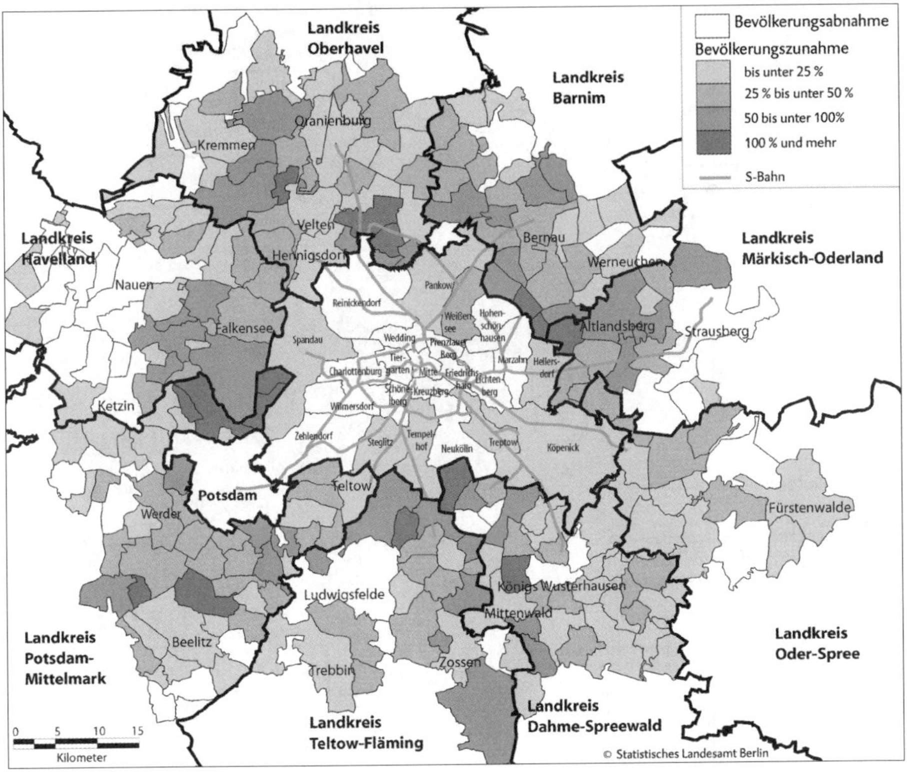

M 9 Verarbeitendes Gewerbe, Bergbau und Gewinnung von Steinen/Erden

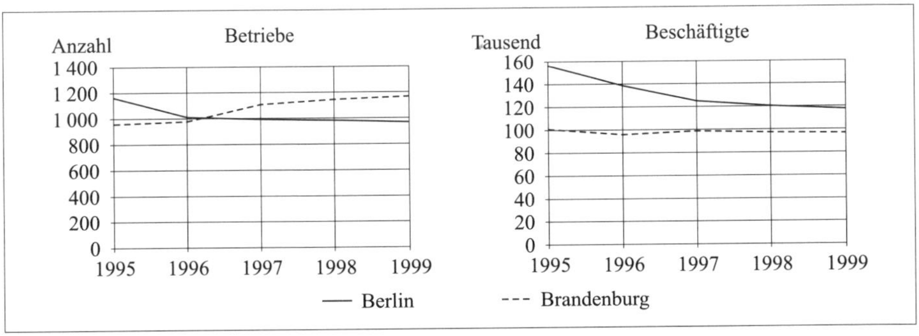

Quelle M 8 und M 9: © Statistisches Landesamt Berlin, 2000 (www.statistik-berlin.de/)

M 10 Raumordnerisches Leitbild

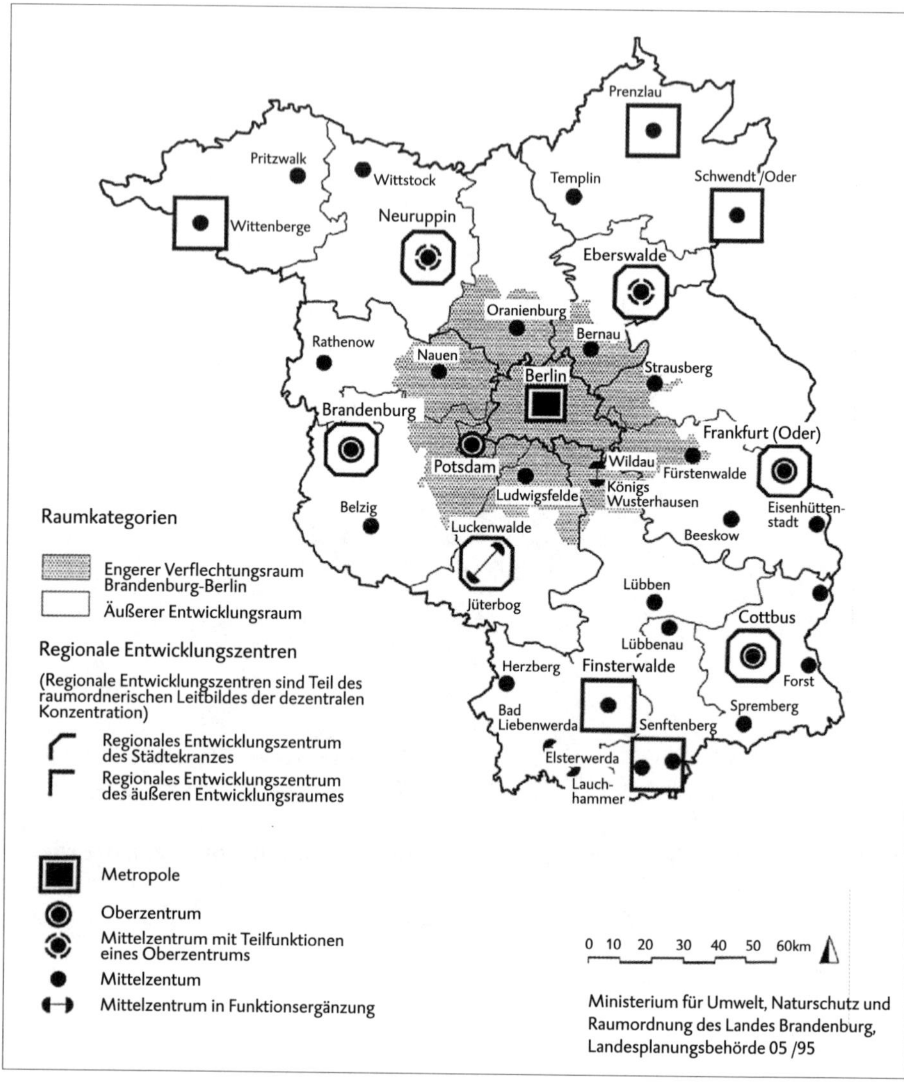

Quelle: Scherf,K./Viehrig H. (Hrsg.): Berlin und Brandenburg auf dem Weg in die gemeinsame Zukunft. Gotha/Stuttgart, 1995, S. 375.

M 11 Hauptstandorte der Berliner Industrie und weitere Standorte mit überregionaler Bedeutung

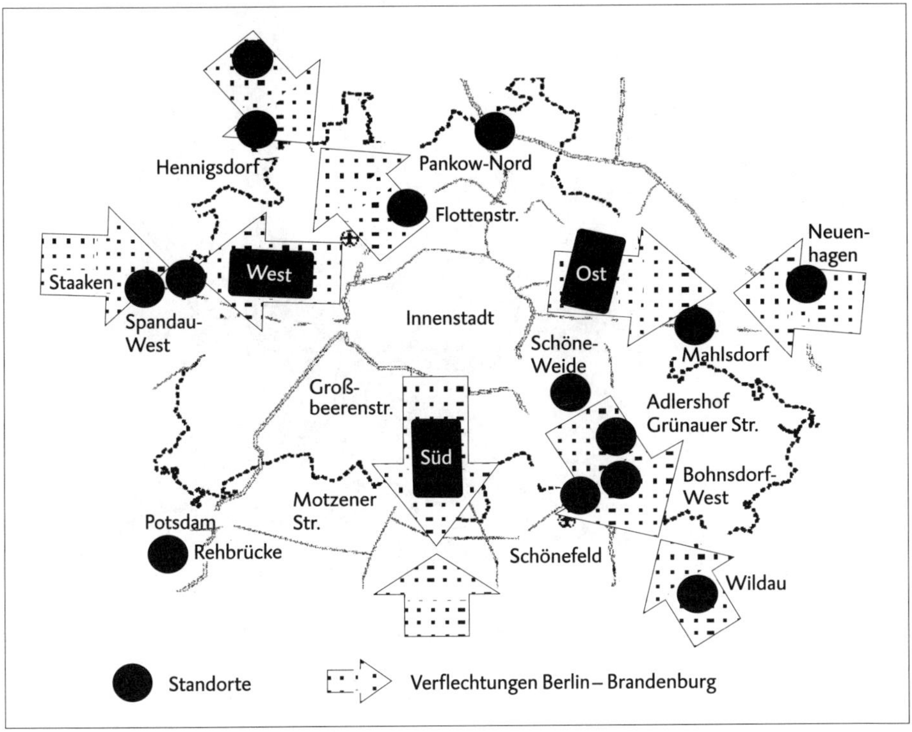

Quelle: © Senatsverwaltung für Stadtentwicklung, Berlin

M 12 Land Brandenburg: von den Gemeinden beantragte Standorte für Gewerbe-, Industrie- und Sonderbauflächen

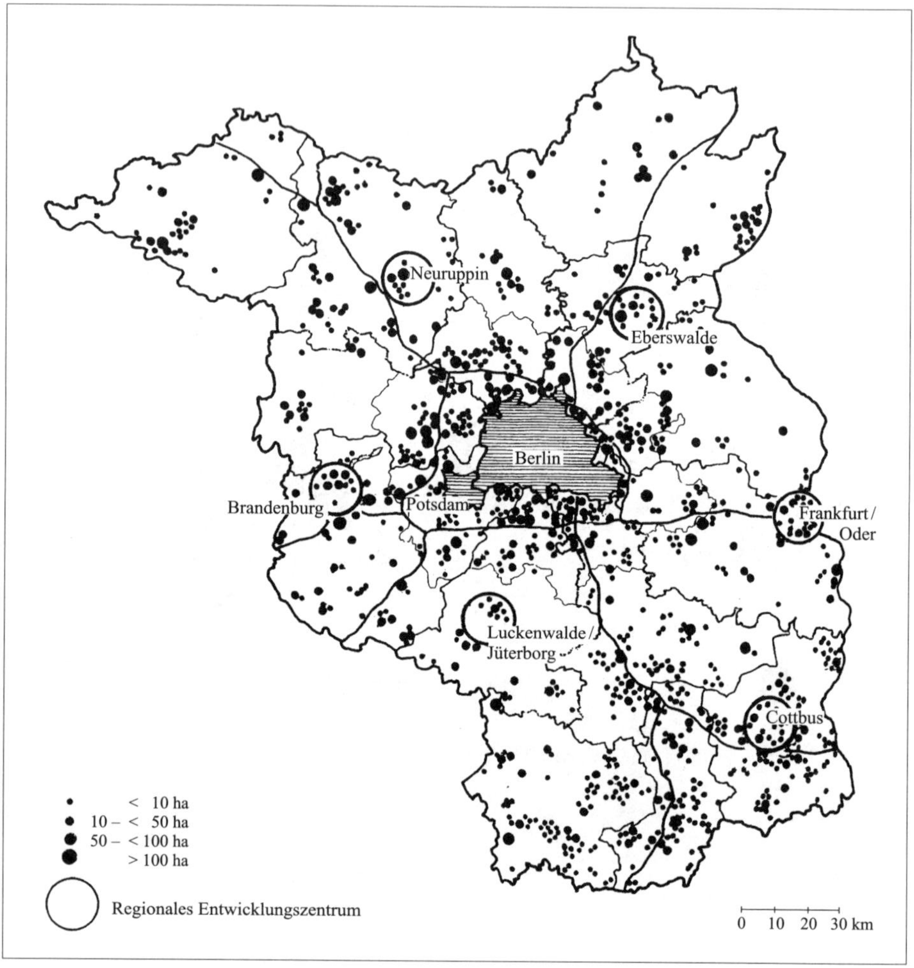

Quelle: Baeseler, H./Rietdorf, W.: Wissenschaftliche Grundlagen zur Umsetzung der Regionalplanung im Land Brandenburg. In: Berichte zur deutschen Landeskunde Bd. 69 Heft 2, 1995, S. 309–325

M 13 Flächennutzung in Berlin und Brandenburg im Vergleich zu Deutschland

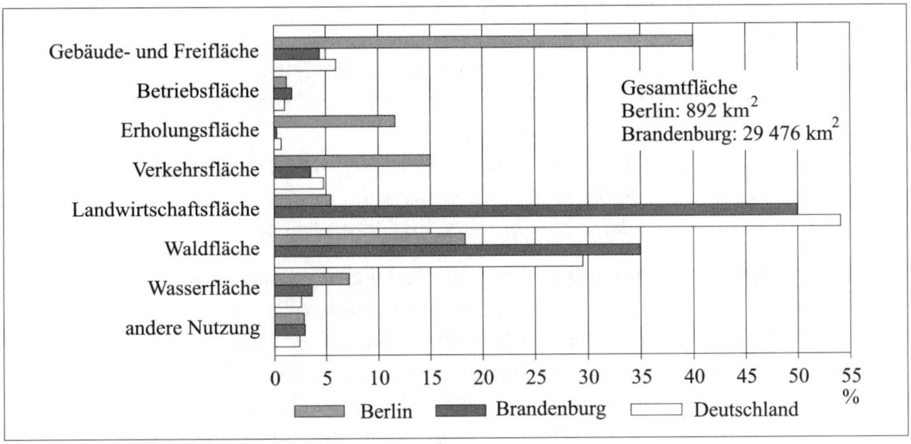

Quelle: © Statistisches Landesamt Berlin, 2000 (www.statistik-berlin.de/)

Hilfsmittel: Der an der Schule eingeführte Atlas

Bezüge der Aufgabe zu den „Vorgaben zu den unterrichtlichen Voraussetzungen für die schriftlichen Prüfungen im Abitur in der gymnasialen Oberstufe" im Jahr 2007

Inhaltliche Schwerpunkte:

- Raumstrukturen und raumwirksame Prozesse im Spannungsfeld von wirtschaftlichen Disparitäten und Austauschbeziehungen
  - Wandel städtischer Strukturen unter dem Einfluss der Tertiärisierung
  - Zentralität als Ausdruck funktionaler Verflechtungen im städtischen und ländlichen Raum

Lösungsvorschlag

Teilaufgabe 1
Beim „Erklären“ sollen Sie Begründungszusammenhänge, Voraussetzungen und Folgen bestimmter Strukturen und Prozesse – hier der Suburbanisierung – darlegen.
Zentral für diese Teilaufgabe ist eine präzise Reproduktion der Definition des Begriffes Suburbanisierung. Sie sollten zeigen, dass Sie den Begriff ausführlich fachgeografisch erklären können.

Suburbanisierung

Der Begriff **Suburbanisierung** umfasst die Verlagerung von Wirtschaftsbetrieben und Bevölkerung aus der **Kernstadt** oder anderen städtischen Gebieten in den **suburbanen Raum** bei gleichzeitiger **Reorganisation** der Verteilung von Wirtschaftsbetrieben und Bevölkerung innerhalb des städtischen Gebietes. Es handelt sich demnach bei der Suburbanisierung nicht nur um eine **Expansion** der Stadt in ihr Umland, sondern um einen Prozess der **Dekonzentration** von Bevölkerung, Produktion, Verwaltung und Handel.

Ausgehend von einer Stadt und der mit ihr funktional verknüpften umgebenden Region bezeichnet der Begriff „**Kernstadt**“ die eigentliche Stadt, d. h. die durch administrative Grenzen definierte Stadtregion. Der Begriff „**suburbaner Raum**“ umschreibt dagegen den Saum um eine Kernstadt, der aufgrund enger Verflechtungen funktional zur Stadt gerechnet werden muss, jedoch außerhalb der administrativen Stadtgrenzen liegt. Die funktionale Verflechtung zwischen Kernstadt und **Umland** (suburbaner Raum) wird über den Anteil von **Auspendlern** aus einer Umlandgemeinde in die Kernstadt definiert.

Teilaufgabe 2
Sie müssen auf Grundlage des Materials Aspekte der Suburbanisierung im engeren Verflechtungsraum Brandenburg-Berlin geordnet darstellen und dabei jeweils die Prozesse ausweisen, die für die Suburbanisierung in diesem Raum von Bedeutung sind.

Verflechtungsraum Brandenburg-Berlin

Der engere **Verflechtungsraum Brandenburg-Berlin** umfasst das Land Berlin und einen ca. 20 bis 25 Kilometer breiten Streifen der umliegenden Landkreise des Landes Brandenburg (M 2). Das Land Berlin liegt somit im Zentrum Brandenburgs.

Suburbanisierungsprozesse lassen sich hauptsächlich an der **Stadt-Rand-Wanderung** von Bevölkerung und Wirtschaftsbetrieben nachweisen. Das vorliegende Material lässt Aussagen zu beiden Aspekten zu.

Die Entwicklung der Bevölkerungszahl Berlins zeigt von 1991 bis 1993 ein nahezu kontinuierliches Wachstum. Seitdem ist die Entwicklung durchweg rückläufig, und die Bevölkerungszahl lag im Juni 2000 bei ca. 3 385 000 Einwohnern (M 4).

Bevölkerungsentwicklung und Wanderungssaldo

Der Bevölkerungsrückgang Berlins seit 1993 ist zum einen auf den negativen **Geburten-/Sterbesaldo** des Landes Berlin (M 6 a), aber vor allem auf die **Stadt-Rand-Wanderung** der Bevölkerung zurückzuführen (M 5). Von 1991 bis 1995 war jährlich ein Gewinn beim gesamten **Wanderungssaldo** zu erkennen. Seit 1996 ist ein **Wanderungsverlust** zu verzeichnen, der 1996 noch relativ gering war, in den Jahren 1997 und 1998 mit jeweils über –20 000 jedoch stark zunahm. Der positive Wanderungssaldo der Jahre 1991 bis 1995 ist hauptsächlich auf Zuwanderungen aus dem Ausland zurückzuführen. Seit 1997 halten sich der Gewinn und Verlust bei den Wanderungen mit dem Ausland das Gleichgewicht.

Bei der deutschen Bevölkerung Berlins sind von 1992 bis 1998 jährlich zunehmende negative Wanderungssalden zu verzeichnen, die durch die Abwanderungen ins Berliner Umland geprägt sind. In den Jahren 1993 und 1994 verzeichnete die jährliche Entwicklung einen besonders starken Anstieg. 1994 hat sich der Wanderungssaldo ins Umland und damit in den suburbanen Raum des engeren **Verflechtungsraums** Brandenburg-Berlin mit rund –10 000 Personen gegenüber 1993 in etwa verdoppelt, und 1998 stieg der Wert auf –30 000 und hat sich damit seit 1993 verdreifacht. Dieser negative Wanderungssaldo in den engeren Verflechtungsraum hat seit 1996 zu einem generellen negativen Wanderungssaldo für alle Wanderungen über die Grenzen von Berlin geführt (M 5).

Die thematische Karte zur Veränderung der Bevölkerungszahl im engeren Verflechtungsraum Brandenburg-Berlin 1999 gegenüber 1990 in % macht die Auswirkungen der **räumlichen Mobilität** der Bevölkerung besonders deutlich. Der **Dekonzentrationsprozess** dieser Stadtregion führt zu einem flächenhaften Wachstum über die Stadt- bzw. in diesem Fall Landesgrenzen hinaus in den suburbanen Raum und zum anderen zu einer gleichzeitigen **Entleerung** der innerstädtischen Bereiche (M 8).

Die thematische Karte zu den fertig gestellten neuen Wohngebäuden im engeren Verflechtungsraum Brandenburg-Berlin im Zeitraum 1991 bis 1999 zeigt, dass die regionalen Unterschiede der Wohnbautätigkeit beträchtlich sind (M 7). Schwerpunkte liegen in der Nachbarschaft Berlins und an den ins Umland führenden wichtigsten **Verkehrsachsen**. Dabei fallen besonders die Hauptverkehrsstraßen und die Bahntrassen ins Auge, besonders in Richtung Oranienburg, nach Nauen, nach Zossen, nach Königs Wusterhausen/Mittenwald sowie nach Strausberg und Bernau. Diese **Siedlungsachsen** stoßen teilweise an die äußeren Grenzen des engeren Verflechtungsraumes vor, während andererseits in ihrem Schatten liegende Räume mit geringerer Wohnbautätigkeit bis nahe oder ganz an die Berliner Stadt- bzw. Landesgrenze heranreichen. Im weiteren Sinne ist eine gewisse Bevorzugung der an Berlin grenzenden Kreise im Norden und Südwesten festzustellen.

Wohnbautätigkeit im Verflechtungsraum

Die Prognosen zur Einwohner- und Bevölkerungsentwicklung in Berlin und Brandenburg (M 6 c) zeigen, dass sich diese Entwicklung der **Stadt-Rand-Wanderung** auch in Zukunft fortsetzen wird. Bei fast gleichbleibender Bevölkerungszahl im Land Berlin steigt die Zahl der Einwohner im Umland stark an, sodass sich für die Gesamtregion ebenfalls ein Bevölkerungswachstum ergibt. Zu berücksichtigen ist dabei der Prognosecharakter der Zahlen, der Trend ist jedoch eindeutig erkennbar.

Stadt-Rand-Wanderung

Dass sich dieser **Suburbanisierungsprozess** und die damit verbundene Stadt-Rand-Wanderung nicht nur auf die Bevölkerung bezieht, sondern auch die Wirtschaftsbetriebe erfasst, wird anhand des Materials (M 9, M 11) zum **verarbeitenden Gewerbe** deutlich. Die Anzahl der Betriebe in Berlin nahm im Zeitraum von 1995 bis 1999 von ca. 1 150 auf 950 ab, während zur gleichen Zeit die Zahl der Betriebe in Brandenburg um etwa diesen Betrag anstieg. Bei der Anzahl der Beschäftigten lässt sich für das Land Berlin ein deutlicher Rückgang von ca. 155 000 Beschäftigten im verarbeitenden Gewerbe auf etwa 115 000 (– 25 %) feststellen. Für das Land Brandenburg ergibt sich für den gleichen Zeitraum trotz der **Betriebsverlagerungen** ins Umland ein geringer Rückgang von etwa 100 000 Beschäftigten auf etwa 92 000 (–8 %). Die räumliche Verlagerung der Wirtschaftsbetriebe des sekundären Sektors geht hier mit einer innerbetrieblichen **Automatisierung** und **Mechanisierung** einher, die den Rückgang in der Anzahl der Beschäftigten erklärt.

Verarbeitendes Gewerbe

Das vorliegende Material macht keine Angaben zur Sozialstruktur der an der Suburbanisierung beteiligten Bevölkerung. Es kann deshalb nicht erläutert werden, ob es bei diesem Dekonzentrationsprozess auch zu einer sozialen Differenzierung innerhalb der Bevölkerung im engeren Verflechtungsraum kommt, in dem die wohlhabendere Bevölkerung diejenige ist, die die räumliche Mobilität finanzieren kann und ins Umland zieht. Die ärmeren Bevölkerungsschichten würden in einem solchen Fall in der Kernstadt verbleiben.

Materialkritik

Teilaufgabe 3

In dieser Teilaufgabe wird von Ihnen erwartet, dass Sie den Sachverhalt der Suburbanisierung im Hinblick auf das raumordnerische Leitbild ausführlich untersuchen und Ihre Ergebnisse strukturiert darstellen und bewerten. Die Formulierung der Aufgabenstellung „... im Sinne des Themas" beinhaltet die Aufnahme und Diskussion der beiden Fachbegriffe „Raumentwicklung" und „Raumordnung" in diese abschließende Erörterung.

Vergleich mit dem raumordnerischen Leitbild

Die zu den Teilaufgaben 1 und 2 gemachten Ausführungen können als Grundlage dienen, um das **raumordnerische Leitbild** in Brandenburg zu erörtern.

Die thematische Karte über die von den Gemeinden beantragten Standorte für Gewerbe-, Industrie- und Sonderbauflächen im Land Brandenburg lässt erkennen, dass sich im engeren Verflechtungsraum Brandenburg-Berlin ein Großteil der beantragten Standorte wiederfindet. Da dieser Raum auch durch eine hohe Siedlungs- und Bevölkerungsdichte – bezogen auf den Gesamtraum des Landes – gekennzeichnet ist, steht er unter hohem Entwicklungsdruck und hat folglich einen hohen Ordnungsbedarf. Der äußere **Entwicklungsraum** zeichnet sich durch eine vergleichsweise geringe Nachfrage nach Wirtschaftsstandorten aus. Somit besteht auch hier ein hoher landesplanerischer Entwicklungsbedarf (M 12).

Um hier nun eine nachhaltige Entwicklung zu erreichen, bedarf es einer überregionalen Planung, die sich im Leitbild einer **dezentralen Konzentration** niederschlägt.

Wie bereits erwähnt, lassen sich zwei Teilräume unterscheiden: der engere Verflechtungsraum Brandenburg-Berlin und der äußere Entwicklungsraum. Auf der Grundlage der Struktur der zentralen Orte wurde das **raumordnerische Leitbild** einer **dezentralen**

Konzentration entworfen, um Entwicklungsimpulse in periphere Regionen zu lenken. Vorrangiges Ziel ist es, den engeren Verflechtungsraum Brandenburg-Berlin durch die Ausweisung von ausgesuchten Zentren bzw. zentralen Orten in ausreichender Entfernung zu diesem Raum zu entlasten (M 10).

Städtekranz und äußerer Entwicklungsraum mit regionalen Zentren

Es sind sechs regionale **Entwicklungszentren** vorgesehen, die in ca. 40–60 km Entfernung zum engeren Verflechtungsraum Brandenburg-Berlin liegen und damit außerhalb dieses Raumes. Dieser Städtekranz befindet in einer ausreichenden Entfernung zu Berlin, um eine eigenständige Entwicklung zu ermöglichen, gleichzeitig aber auch nah genug, um von ihm wirtschaftlich zu profitieren. Die wichtigsten Aufgaben dieses Städtekranzes sind somit einmal die Entlastungsfunktion für den engeren Verflechtungsraum und die Entwicklungsfunktion für das Land Brandenburg (M 10).

Weiterhin bestehen fünf regionale **Entwicklungszentren** im äußeren Entwicklungsraum. Die ausgewiesenen Entwicklungszentren sind nach der zentralörtlichen Struktur hierarchisch gegliedert in **Oberzentren**, Mittelzentren mit Teilfunktionen eines Oberzentrums, **Mittelzentren** und Mittelzentren mit Funktionsteilung (M 10).

System der zentralen Orte

Die Festlegung der zentralen Orte nach Ober- und Mittelzentren dienen als Grundgerüst für die **polyzentrale Entwicklung** des Landes. Sie stellen eine Orientierungsfunktion für Entscheidungen von Unternehmen und privaten Haushalten dar. Es stehen ausreichende Flächen in Brandenburg für diese Maßnahmen zur Verfügung. Dies wird aus dem Material zur Flächennutzung in Berlin und Brandenburg (M 13) deutlich. Es gibt in Brandenburg im Vergleich zu Berlin wesentlich mehr potenziell zu nutzende Flächen (Landwirtschafts- bzw. Waldflächen) als in Berlin. Dort liegt der Anteil der bereits genutzten Flächen (Gebäude- und Freiflächen) besonders hoch, vor allem, wenn auch die absolute Basis zur Bewertung miteinbezogen wird (Berlin ca. 900 km^2, Brandenburg ca. 30 000 km^2.

Ein Hauptproblem dieses Konzeptes besteht darin, dass es nicht nur in den ausgewiesenen Zentren Entwicklungsbedarf gibt, sondern darüber hinaus in vielen Städten und Gemeinden des engeren Verflechtungs- und des äußeren Entwicklungsraumes. Die Grundidee von den **Entlastungsorten** innerhalb des Konzeptes einer dezentralen Konzentration entspricht dem bekannten System der **zentralen Orte** von Walter Christaller. Die Realisie-

rungschancen eines solchen Konzeptes werden jedoch erfahrungsgemäß sehr unterschiedlich bewertet.
Inwieweit der Suburbanisierung im Verflechtungsraum Brandenburg-Berlin mit diesem Konzept Einhalt geboten werden kann, ist fraglich. Der erhöhte Flächenbedarf und die Wohn- und Gewerbestandortvorteile der Stadtrandgemeinden – hier die des Landes Berlin – und auch die **Verdrängungseffekte** in der Kernstadt (z. B. durch die Ausdehnung der City) werden sich kaum durch dieses Konzept beeinflussen lassen. Weiterhin handelt es sich um zwei Bundesländer, die auch im Wettbewerb um Gewerbeansiedlungen und Bevölkerung stehen, was den Suburbanisierungsprozess nur weiter beschleunigen wird. Die altersmäßige Zusammensetzung der Berliner Bevölkerung – mit einem Schwerpunkt in der Altersgruppe der 30- bis 40-Jährigen – begünstigt auch den Dekonzentrationsprozess in diesem Raum, da diese Altersgruppe die höchste Mobilität besitzt (M 3).

Fazit: Suburbanisierung findet statt

Abschließend kann festgestellt werden, dass im engeren Verflechtungsraum Brandenburg-Berlin ein Suburbanisierungsprozess stattfindet, der durch den Prozess der Stadt-Rand-Wanderung der Bevölkerung und der Gewerbebetriebe verursacht wird. Es ist deutlich zu erkennen, dass dieser Prozess zu einem flächenhaften Wachstum Berlins über die Stadtgrenzen hinaus in den suburbanen Raum führt.

Leistungskurs Erdkunde (NRW) – Aufgabe 9: Umwertung von Standortfaktoren unter dem Einfluss globaler Entwicklungen – Das Beispiel Japan: Die Bucht von Tokio

Aufgabenstellung

1. Vergleichen Sie die Standortgegebenheiten in der Bucht von Tokio Anfang der 50er- und Anfang der 80er-Jahre des 20. Jahrhunderts.
2. Erläutern Sie die Standortentwicklung der japanischen Eisen- und Stahlindustrie am Beispiel der Keihin-Küstenindustriezone.
3. Bewerten Sie die Flächennutzungstendenzen in der Bucht von Tokio seit Beginn der 90er-Jahre.

Materialgrundlage

M 1 Geeignete Atlaskarten

M 2 Die Keihin-Küstenindustriezone in der Bucht von Tokio

Quelle: Flüchter, W.: Die Bucht von Tokyo. Schriften des Instituts für Asienkunde (Hamburg), Bd. 6, Wiesbaden 1985, S. 91. © Institut für Asienkunde Hamburg

M 3 Neulandgewinnung in der Bucht von Tokio

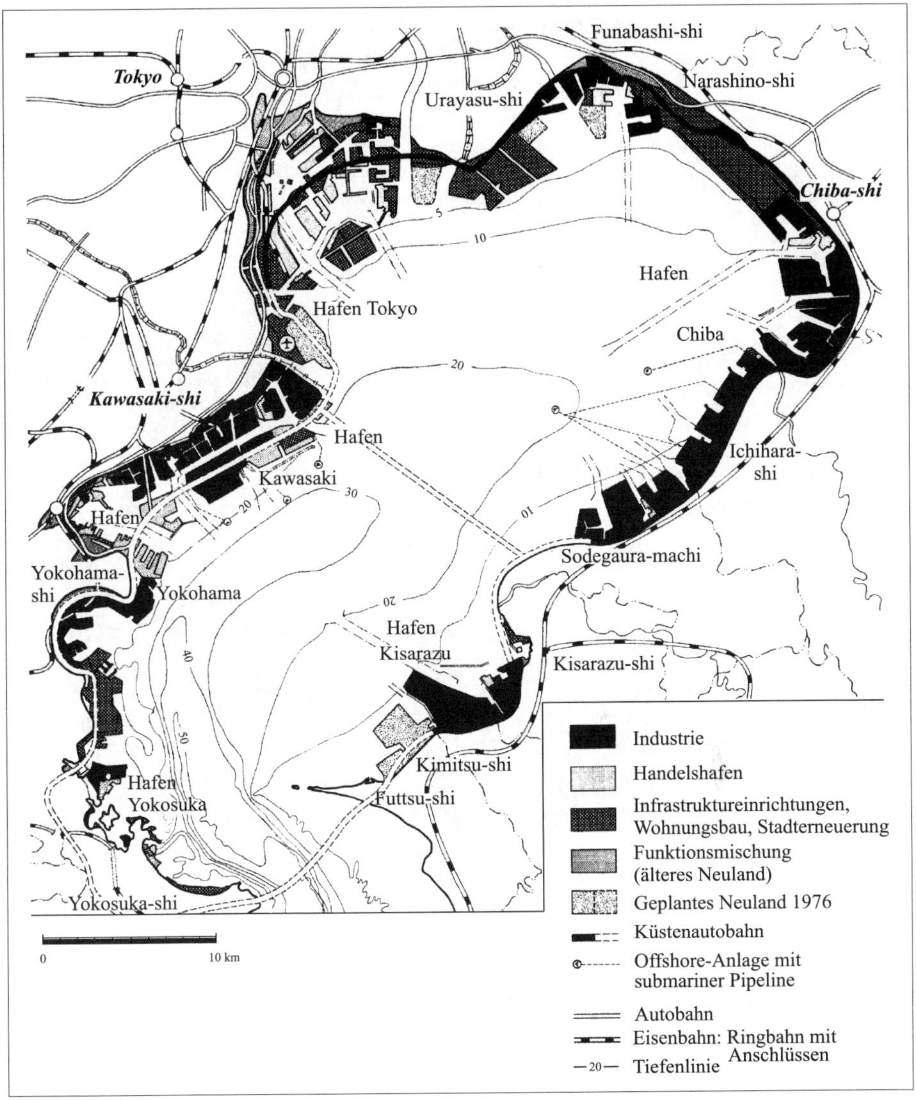

Quelle: Flüchter, W.: Die Bucht von Tokyo. Schriften des Instituts für Asienkunde (Hamburg), Bd. 6, Wiesbaden 1985, S. 244

M 4 Entwicklung der Stahlproduktion (in Mio. t)

	Japan	Deutschland	Welt
1950	4,8	12,1	k. A.
1955	9,4	21,4	k. A.
1960	22,1	34,1	k. A.
1965	41,2	36,8	443
1970	93,3	45,0	512
1975	102,3	40,4	615
1980	111,5	43,3	702
1985	105,3	40,5	655
1990	110,3	41,6	769
1995	101,6	42,1	750
2000	106,4	46,4	847
2003	110,5	44,8	965

Quelle: Der Fischer Weltalmanach 2006. © Fischer Taschenbuch Verlag GmbH, Frankfurt/Main 2005

M 5 Standortstruktur der Keihin-Küstenindustriezone in den 80er-Jahren

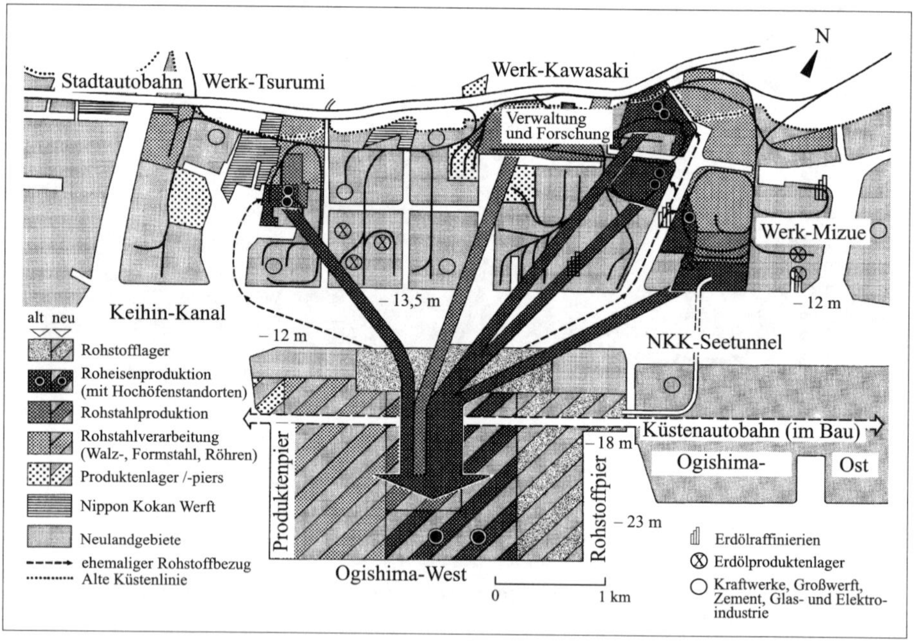

Quelle: Quelle: Flüchter, W.: Die Bucht von Tokyo. Schriften des Instituts für Asienkunde (Hamburg), Bd. 6, Wiesbaden 1985, S. 95

M 6 Japans Rohstoffsituation

Die wirtschaftliche Entwicklung Japans nach dem 2. Weltkrieg ist nicht unbedingt zu erwarten gewesen: Die Rohstoffknappheit des Landes stellt eine deutliche Ungunst dar und macht den umfangreichen Import der für die industrielle Produktion benötigten Rohstoffe notwendig. So müssen Eisenerz, Erdöl, Kupfer und Nickel seit den 80er-Jahren vollständig importiert werden. Bei Aluminium, Erdgas, Zink und Kohle liegen die Importquoten bei über 90 %. An dieser Situation hat sich bis zur Gegenwart nichts geändert.

Quelle: eigene Zusammenstellung

M 7 a Japan: Produktion ausgewählter Industriegüter (in Tausender Einheiten)

	1985	1990	1995	1999	2004
Eisen und Stahl (1 000 t)	105 279	110 339	101 640	94 192	112 800
Wichtige elektronische Geräte:					
Industrieroboter	21 833	34 110	33 103	48 340	77 427
Sprachcomputer	1 123	2 534	1 823	692	k. A.
Verkaufsautomaten	431	717	497	571	479
Wichtige elektrische Geräte:					
Klimaanlagen f. Wohnungen	5 426	7 813	19 612	14 906	11 233
Mikrowellen	7 909	4 673	3 174	2 844	1 248
Kopiergeräte	866	4 350	5 747	4 233	402
Mobiltelefone	0	0	8 197	43 350	49 488
Farbfernseher	16 880	13 243	7 854	3 444	808
Flüssigkristallbildschirme	1 853	1 889	1 168	942	2 665
Videorecorder	28 283	27 921	12 655	7 012	k. A.
Videocameras	2 574	8 803	8 658	10 459	11 957
Navigationssysteme	0	0	0	0	4 707
Digital-Player	0	0	0	0	116

Quelle: © Statistics Bureau Japan (www.stat.go.jp/english/data); Zugriff am 15.02.06

M 7 b Index der industriellen Produktion (Jahr 2000 = Index 100)

	1999	2002	2005
Informations- und Kommunikationselektronik	89	81	84
Elektrische Maschinen	94	87	103
Elektronische Bauteile	79	82	117
Maschinenbau	92	87	103

Quelle: © Statistics Bureau Japan (www.stat.go.jp/english/data); Zugriff am 15.02.06

M 8 Japan als Handelsmacht

	Weltmarktanteil in %		Weltrang der Produktion	
	1998	2004	1998	2004
Automobile	14,8	17,3	2	2
Büromaschinen, EDV-Geräte	12,5	k. A.	2	k. A.
Eisen und Stahl	10,5	k. A.	2	k. A.
Fernsehgeräte	7,0	2,2	5	8
Kameras	k. A.	k. A.	1	k. A.
Kühlschränke	8,0	5,2	4	5
Kunstfasern	7,0	k. A.	5	k. A.
Kunststoffe	14,6	k. A.	2	k. A.
Maschinen	12,4	k. A.	3	k. A.
Schiffbau	39,7	k. A.	1	k. A.
Uhren	k. A.	k. A.	k. A.	k. A.
Videorecorder	k. A.	k. A.	1	k. A.

Quellen: WTO (Daten für 1998); Fischer Weltalmanach 2006 (Daten für 2004)

M 9 Entwicklung der Warenexporte Japans

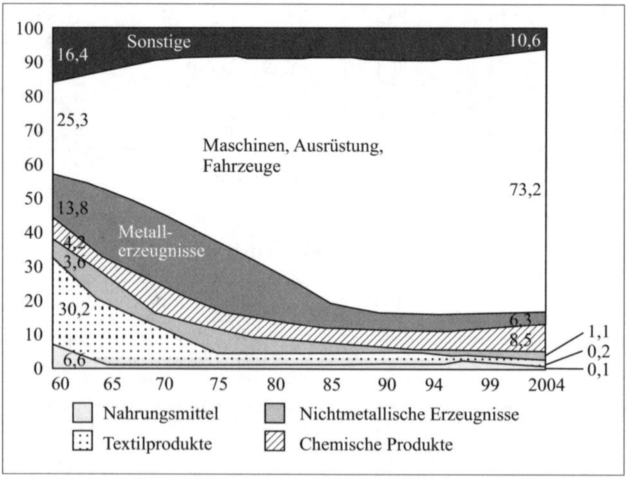

Quelle: © Statistics Bureau Japan (www.stat.go.jp/english/data, Zugriff am 23.04.2006)

M 10 Raumplanung an der Waterfront der Bucht von Tokio

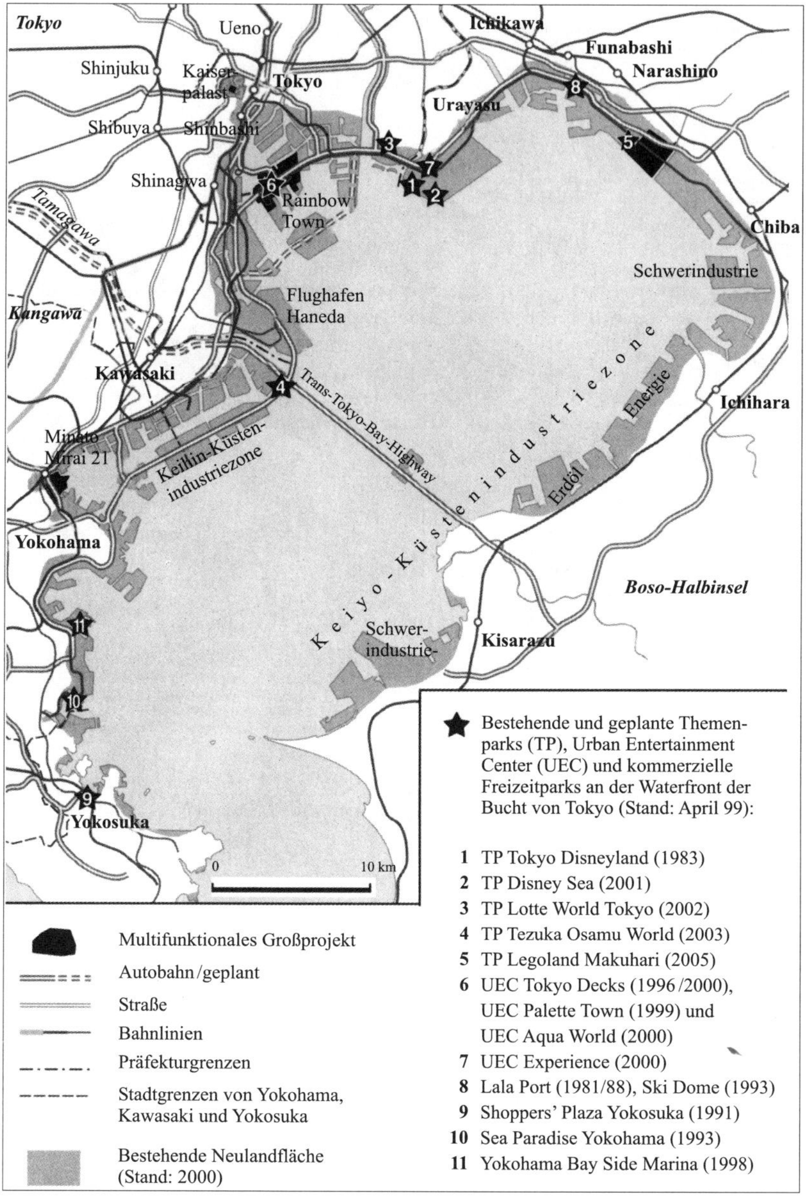

Quelle: © Hohn, A./Hohn, U., Universität Duisburg. In: Hohn, A./Hohn, U.: Stadtentwicklung an der Waterfront der Bucht von Tokyo – die japanische Variante. Geographische Rundschau 52/2000, Braunschweig, S. 49

M 11 „Re-Development" in der Keihin-Küstenindustriezone

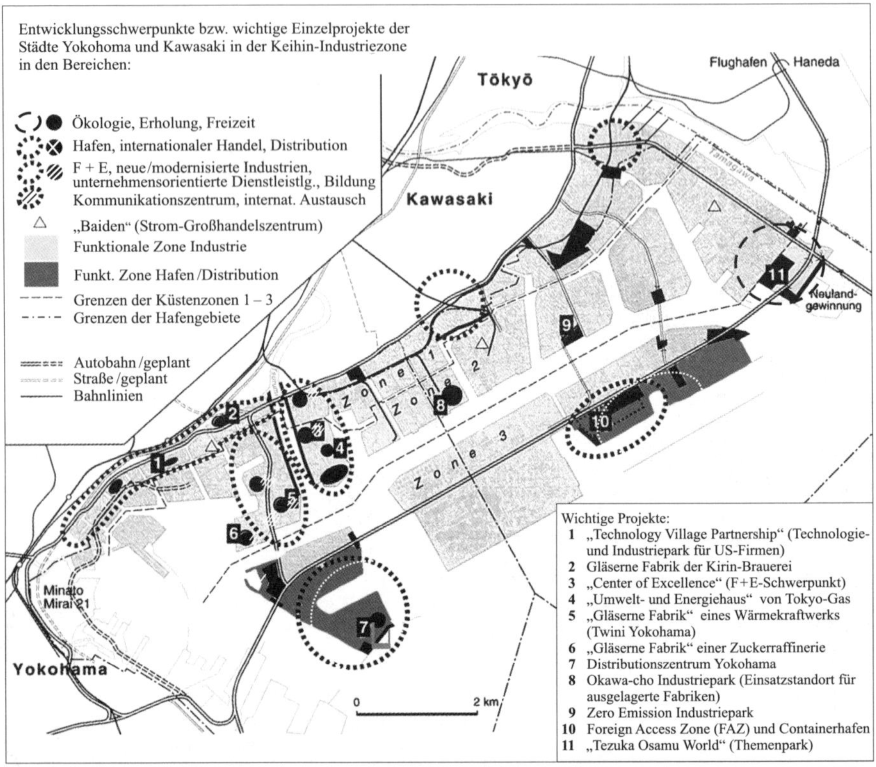

Quelle: © Hohn, A./Hohn, U., Universität Duisburg. In: Hohn, A./Hohn, U.: Stadtentwicklung an der Waterfront der Bucht von Tokyo – die japanische Variante. Geographische Rundschau 52/2000, Braunschweig, S. 50

Hilfsmittel: Der an der Schule eingeführte Atlas

Bezüge der Aufgabe zu den „Vorgaben zu den unterrichtlichen Voraussetzungen für die schriftlichen Prüfungen im Abitur in der gymnasialen Oberstufe" im Jahr 2007

Inhaltliche Schwerpunkte:

- Raumstrukturen und raumwirksame Prozesse im Spannungsfeld von wirtschaftlichen Disparitäten und Austauschbeziehungen
  - Wandel v. Standortfaktoren in seiner Wirkung auf industrieräumliche Strukturen
  - Tertiärisierung als Motor für die räumliche Verteilung von Arbeitsplätzen

Lösungsvorschlag

Teilaufgabe 1

Der Operator „vergleichen“ verlangt von Ihnen, dass Sie Gemeinsamkeiten und Unterschiede zwischen (vergleichbaren) Strukturen bzw. Prozessen erfassen und kriterienbezogen verdeutlichen. In diesem Fall geht es um den systematischen Vergleich der standortrelevanten Gegebenheiten. Dabei müssen Sie die Methode und Bedeutung der so genannten Aufschüttungsflächen, deren Schaffung aus der Relief-Ungunst herzuleiten ist, besonders hervorheben. Das Vorhandensein dieser Neuflächen in der gesamten Bucht von Tokio ist hierbei als entscheidende Standort- und Lagegunst herauszustellen.

Natürliche Ungunst

Betrachtet man das **Relief** Japans, wird sofort deutlich, dass das Land nur über sehr wenige ebene Flächen verfügt, dass vielmehr bewaldete Gebirge das Erscheinungsbild der vier Hauptinseln prägen. Folglich konzentrieren sich Siedlungen, landwirtschaftliche Nutzungsflächen und Industrien an den **Küsten**, ebenso die Hauptverkehrsadern (Atlas). Dies waren ungünstige Voraussetzungen dafür, großflächige Industrien wie die Eisen- und Stahlindustrie oder erweiterte Verkehrsachsen wie mehrspurige Autobahnen anzulegen. Dies wurde jedoch ab Mitte der 50er-Jahre vor allem in der **Bucht von Tokio** notwendig. Damals begann Japan damit, seine Wirtschaft umzustrukturieren und auf den Weltmarkt auszurichten mit dem Ziel, sich als Industriemacht zu etablieren. Dementsprechend groß war der Bedarf an neuen, für diese Exportorientierung geeigneten Flächen.

Neulandgewinnung als Folge von Raummangel

Die von Japan gewählte Lösung, die **natürliche Ungunst** hinsichtlich des Flächenpotenzials auszugleichen, bestand darin, in den flachen Küsten- und Buchtbereichen unmittelbar vor der natürlichen Küstenlinie **künstliches Neuland** in großem Umfang aufzuschütten. So finden sich seit den 70er-Jahren in der Bucht von Tokio fast an der gesamten Buchtlinie entlang **Aufschüttungsgebiete**, die zu mehr als drei Vierteln eine industrielle Nutzung aufweisen (M 3, Atlas).

Diese neuen Flächen bieten, abgesehen von planbaren Größen und funktionalen Formen, den Vorteil, dass hinsichtlich des weltmarktorientierten Handels **ideale Verkehrsvoraussetzungen für den Überseehandel** per Schiff gegeben sind. Dem Prinzip der so genannten „Nassen Hütten“ in Deutschland vergleichbar – das sind Standorte an der Küste bzw. an von Hochseeschiffen befahrbaren Flüssen – siedelt sich die Industrie unmittelbar an der Küste an.

Das Luftbild verdeutlicht, in welcher Intensität diese Neulandflächen genutzt werden; es zeigt weiterhin, dass in einer zweiten vorgelagerten Reihe, verbunden durch einen parallel zur Küste verlaufenden Kanal, weitere Flächen – zum Zeitpunkt der Aufnahme des Luftbildes noch ungenutzt (Bildmitte oben) – geschaffen wurden (M 2).

Teilaufgabe 2

Beim „Erläutern" müssen Sie Sachzusammenhänge mithilfe ergänzender Informationen verdeutlichen. In diesem Fall sind anhand von M 3–M 9 die mikrostandort-bezogenen Vorteile der Eisen- und Stahlindustrie (horizontaler Verbund) sowie der für die Import- und Exportausrichtung ideale Küstenstandort im Zusammenhang mit der Entwicklung Japans zu einer der führenden Industrie- und Welthandelsnationen herauszuarbeiten.

Japanische Standortlogik – die Keihin-Küstenindustriezone

Wie sehr Japan die Möglichkeit genutzt hat, im Zusammenhang mit der Schaffung neuer Flächen eine **horizontale und vertikale Standortvernetzung** vorzunehmen, verdeutlicht das Neulandgebiet Ogishima-West in der **Keihin-Küstenindustriezone** (M 5). Noch enger als früher nördlich des Keihin-Kanals befinden sich nunmehr Rohstofflager, Roheisenproduktion, Rohstahlproduktion und Produktenlager nebeneinander, eingerahmt vom Rohstoffpier im Osten und vom Produktenpier im Westen des Neulandgebietes Ogishima-West. Noch kürzer sind Transportwege im Bereich der Produktion zwischen Rohstoffempfang und Fertigwarenversand nicht einzurichten, kostengünstiger lassen sich die Transport- und Wegekosten am neuen Standort nicht gestalten.

Daneben bestehen horizontale und vertikale Verbindungen mit den Altstandorten nördlich des Keihin-Kanals, von wo z. B. Roheisen, Erdöl, aber auch technisches Know-how „zugeliefert" werden. Zum einen kann auf diese Weise die Produktion von Stahlerzeugnissen kostengünstig „in einer Hitze" erfolgen, zum anderen besteht durch die räumliche Nähe zu den unmittelbar an die alte Küste angegliederten Neulandgebieten die Möglichkeit des **Rohstoff-, Energie- und Zwischenproduktaustausches** in vertikaler Hinsicht. Ein dichtes lokales Netz von Werksbahnen, Straßen und Kanälen sorgt für eine standortbezogene **Verkehrsinfra-**

struktur. Die **regionale Anbindung** an das Hinterland schaffen die Stadtautobahn, die in Planung befindliche Küstenautobahn sowie die ringförmig verlaufende Küsteneisenbahn. Auf diesem Wege erfolgt auch der tägliche **Pendlerverkehr** – Wohnbereiche sind auf den Neulandflächen nicht ausgewiesen (M 5).

Rohstoff- und damit **Verkehrsorientierung** sowie **Absatzorientierung** standen als **Standortfaktoren** im Vordergrund der Planungen. Das Ganze erfolgte bei einer **optimalen Produktionskostenausrichtung innerhalb des Standortgefüges –** selbst dann, wenn man den Faktor Arbeit/Arbeitslöhne hier einmal außer Acht lässt.

Eisen- und Stahlindustrie als Grundlage der Wirtschaft

Es war kein Zufall, dass Japan zunächst in großem Maße Eisen- und Stahlindustrien angesiedelt und aufgebaut hat, sind diese doch die Grundlage weiterer Industrien, die mit Stahlzwischenprodukten arbeiten. Innerhalb von nur 20 Jahren hat Japan bis 1970 seine Stahlproduktion auf rund 95 Mio. t verzwanzigfacht; ein Wert, den das Land nach weiteren Anstiegen auf maximal 111 Mio. t im Jahr 1980 bis in die Gegenwart aufrechterhalten hat. Im Zeitraum der japanischen **Expansion** bis 1970 konnte Deutschland im Vergleich lediglich eine Vervierfachung auf knapp die Hälfte des japanischen Wertes vorweisen (45 Mio. t). Seit Anfang der 90er-Jahre weist Japans Eisen- und Stahlproduktion allerdings eine Stagnation auf, woraus wirtschaftliche Schwierigkeiten und zwischenzeitliche **Absatzprobleme** auf dem **Weltmarkt** ersichtlich werden (M 4).

Japan – Handelsriese trotzt Rohstoffarmut

Der Aufstieg Japans zu einer der führenden Industrie- und Handelsnationen der Welt verwundert zunächst, denn Japan verfügt kaum über nennenswerte Rohstoffe (M 6) und ist bei wichtigen Rohstoffen fast vollkommen von Importen abhängig. Betrachtet man die Entwicklung der **Warenexportstruktur** seit 1960, so erkennt man, dass Japan bei der Umstellung seiner gesamten industriellen Produktion die Abhängigkeit von Rohstoffen mit eingeplant haben muss. Vergleicht man weiterhin die Import- und die Exportstruktur, so wird deutlich, dass sich Japan beim Export eindeutig auf hoch industrialisierte Güter wie elektronische und elektrische Geräte konzentriert (M 7 a–M 9).

Bei der Produktion zeigt sich Japan sehr flexibel hinsichtlich seiner Ausrichtung auf die **Weltmarktnachfrage**: In kurzer Zeit steigert es bei Bedarf die Produktion von Industrie- und Konsumgütern (z. B. Industrieroboter, Mobiltelefone, Navigationssysteme), stellt bei **Marktsättigung** jedoch schnell auf andere und auf Folgeprodukte um (wie z. B. bei Videorecordern und Farbfernsehern geschehen, vgl. M 7 a). In vielen Fällen schafft die japanische Industrie solche Nachfragen durch geschickte Werbe- und Marketingstrategien auch selbst.

Aufgrund dessen ist es Japan gelungen, auf wichtigen Märkten (z. B. Automobile, EDV-Geräte, Kunststoffe, Maschinen) **hohe Marktanteile** zu erlangen und Spitzenpositionen in den Produktionsranglisten einzunehmen (M 8). Es besteht allerdings die Gefahr, dass Japan bei vielen Produkten eine sehr starke **Weltmarktabhängigkeit** eingeht.

Teilaufgabe 3

Die weltweite Rezession sowie die allgemeinen Globalisierungstendenzen haben auf die japanische Wirtschaft sowie auf die Raumplanung in der Bucht von Tokio Einfluss genommen. Sie sind als Hintergrund für die geänderte Flächennutzungsplanung auf ehemals für eine Expansion der (Schwer-)Industrie geschaffenen Neulandflächen zu bewerten.

Seit 1990 konnte Japan bei Eisen- und Stahlprodukten seinen Weltmarktanteil nur geringfügig steigern. Im Bereich hoch spezialisierter Produkte wurden jedoch höhere Weltmarktanteile erzielt (M 7 a, M 8).

Rezession der 90er-Jahre: veränderte Flächennutzung in der Bucht von Tokio

Diese weltwirtschaftliche Entwicklung hat sich nicht nur auf die japanische **Exportwirtschaft**, sondern auch auf die Flächennutzung im Bereich der langfristig vorgeplanten Neuland- bzw. Aufschüttungsflächen wie z. B. in der Bucht von Tokio ausgewirkt. So weist die Planungskarte für die Bucht von Tokio aus dem Jahr 1999 aus, dass im Unterschied zu der früher fast ausschließlich auf Küsten- und Hafenindustrie ausgerichteten **Flächennutzung** nunmehr so genannte „**multifunktionale Großprojekte**“ in allen Teilen der Bucht geplant sind (d. h. Projekte, die den Bereich Bildung ebenso ausweisen wie den Bereich Freizeit und Erholung; M 10). So sind z. B. für die ehemalige Keihin-Küstenzone insgesamt 11 Projekte ausgewiesen, die verdeutlichen, dass hier ein **Strukturwandel** stattfindet (M 11).

Im Zuge des „Waterfront-(Re-)Developments“ soll zum einen die **monostrukturelle schwerindustrielle Struktur aufgegeben** und zum anderen sollen wichtige städtische Funktionen auf den Aufschüttungsflächen angesiedelt werden. Neue und moderne

Industrien, unternehmensorientierte Dienstleistungsbetriebe, ein Stromgroßhandelszentrum sowie ein Technologie- und Industriepark für US-Firmen sind vorgesehen. Daneben soll es Einrichtungen für Freizeit und Erholung geben (Disneyland, Disney Sea, Legoland, Aqua World u. a.; M 10).

Möglicherweise spielen hierbei gesunkene Bodenpreise auf den Neulandflächen wegen zurückgehender Industrienachfrage ebenso eine Rolle wie gestiegene Bodenpreise im Bereich der Kernstädte auf dem Festland. Man könnte bei dem geplanten Strukturwandel von einer **De-Industrialisierung** und gleichzeitigen **Tertiärisierung** dieser Flächen sprechen.

Fazit: Umwertung von Standortfaktoren

„Umwertung von Standortfaktoren unter dem Einfluss globaler Entwicklungen" lautete das Oberthema – anhand der Bucht von Tokio wird deutlich, wie sich weltweite Industrialisierungs- und Handelsentwicklungen regional auf **Standortbewertungen und -entwicklungen** niederschlagen können. So zeigt sich im Bereich der Aufschüttungsflächen in der Bucht von Tokio seit der weltmarktbedingten **Rezession** der 90er-Jahre und den allgemeinen **Globalisierungstendenzen** eine funktionale Umwertung: Ehemals fast ausschließlich für Küsten- und Hafenindustrien sowie überregionale Verkehrseinrichtungen ausgewiesene Flächen werden in einem zweiten Planungsansatz als multifunktionale Flächen ausgewiesen, die auch teilstädtische Funktionen übernehmen.

Leistungskurs Erdkunde (NRW) – Aufgabe 10: Das Emsland – eine Wirtschaftsregion mit Zukunft?

Aufgabenstellung

1. Beschreiben Sie die räumlichen Gegebenheiten des Emslandes.
2. Erläutern Sie die Bevölkerungsentwicklung und die wirtschaftliche Entwicklung des Emslandes.
3. Überprüfen Sie, ob das jahrhundertelange „Armenhaus Deutschlands“ als eine Region mit Zukunft bezeichnet werden kann. Berücksichtigen Sie dabei auch die Lage des Emslandes im europäischen Verbundnetz.

Materialgrundlage

M 1 Geeignete Atlaskarten

M 2 Der Landkreis Emsland

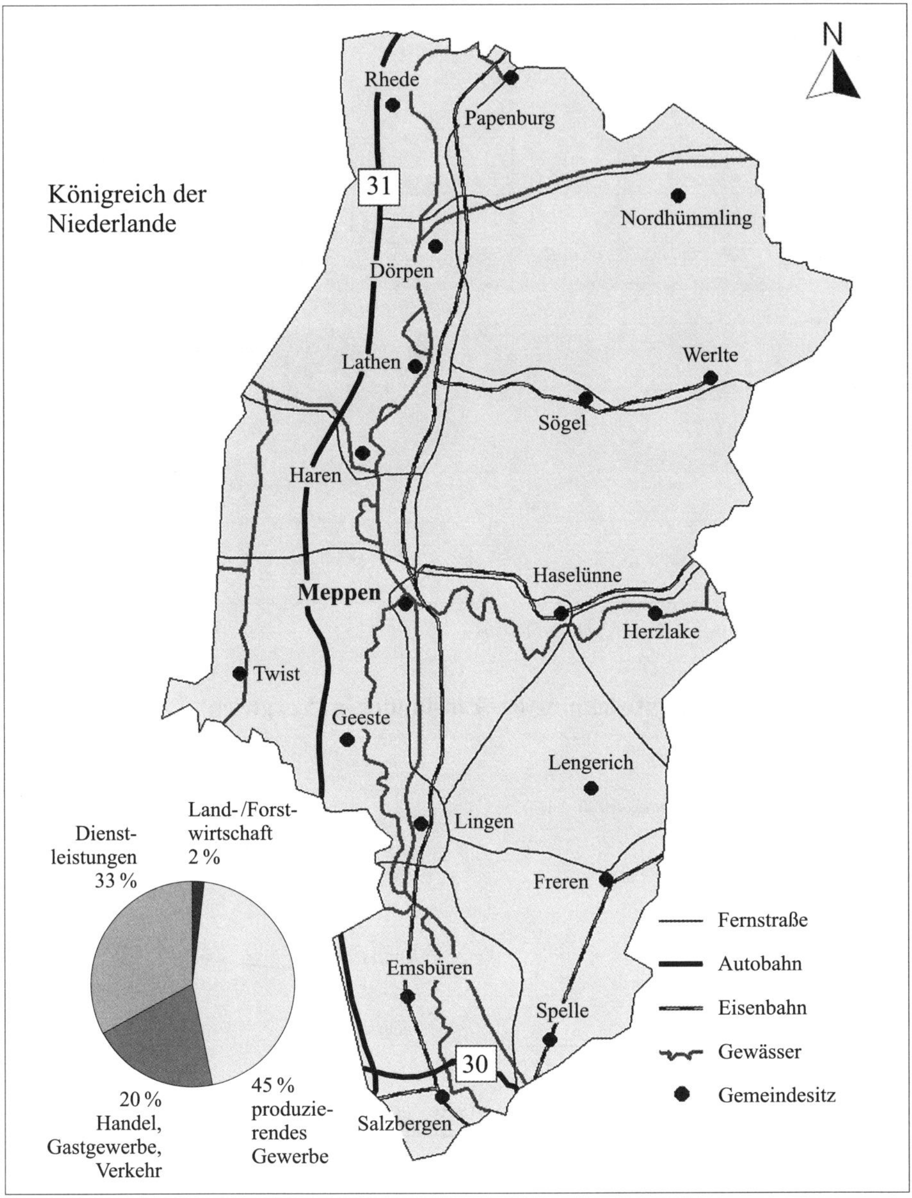

Quellen: eigene Darstellung, Kartengrundlage: www.wikipedia.org (Zugriff am 07.06.06). Datengrundlage für das Kreisdiagramm: www.regis-online.de

M 3 Bevölkerungsentwicklung im Gebiet des heutigen Landkreises Emsland

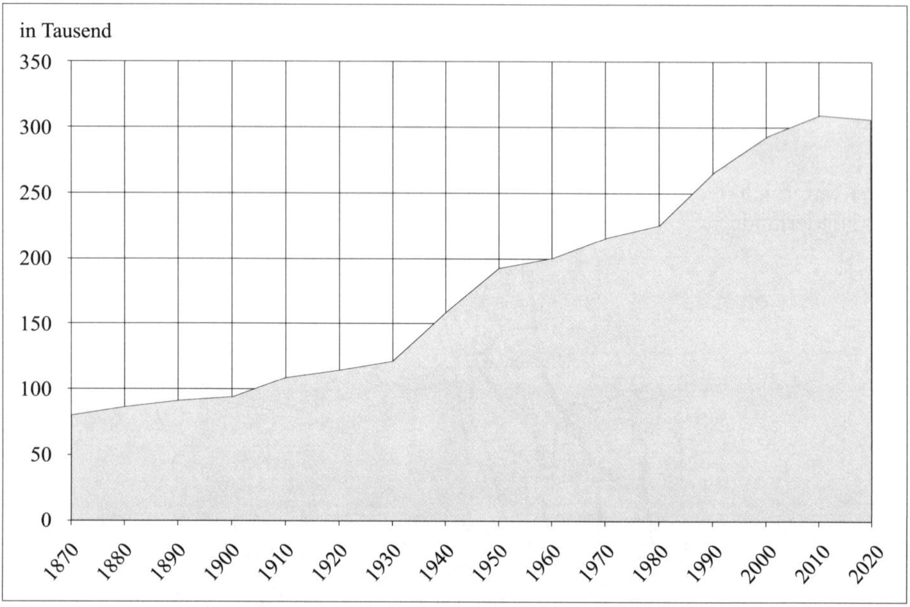

Quelle: Niedersächsisches Landesamt für Statistik

M 4 Bevölkerungsentwicklung des Emslandes im Vergleich

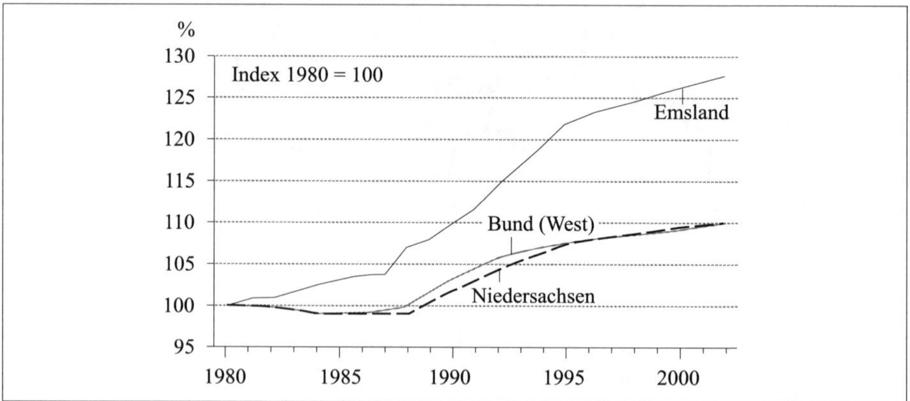

Quelle: Laufende Raumbeobachtung des Bundesamtes für Bauwesen und Raumordnung

M 5 Jährliche Aussiedlerzuzüge im Landkreis Emsland

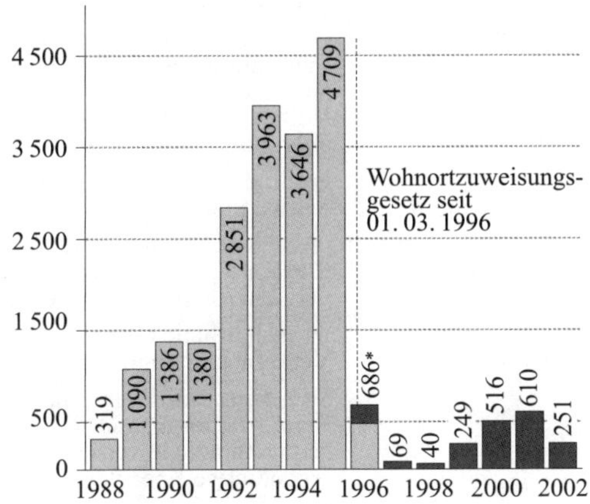

* davon ab 01. 03. 1996 bis 31. 12. 1996 198 Personen – Wohnortzuweisungsgesetz

Quelle: Geographische Rundschau 56 (2004), Heft 9, S. 36

M 6 Wanderungsbilanz und Ausländeranteil

	Wanderungsbilanz je 10 000 Einwohner					Ausländer (in %)		
	1995	2000	2002	davon 2002 (in %) Männer 18–30 J.	Frauen 18–30 J.	1995	2000	2002
Emsland	189	28	39	–4,8	–9,8	4,7	4,3	4,7
Niedersachsen	92	39	43	–5,9	–7,0	6,9	6,6	6,8
Deutschland	49	20	27	–5,5	–5,3	9,0	8,8	8,9

Quelle: Statistisches Bundesamt Deutschland; Atlas zur Regionalstatistik 2006 (www.destatis.de/atlas/atlas/htm)

M 7 Raum- und Regionalplanungsvorhaben im Emsland

Jahr	Planung	Ziele (Auszug)
1950	Emsland-Erschließungs-programm	Gesamterschließung der Region; Integration der 40 000 Flüchtlinge und Vertriebenen; Verbesserungen: Böden, Verkehr, Arbeitsplatz-alternativen zur Landwirtschaft
1960	Niedersächsisches Raumordnungsprogramm	großindustrielle Neuansiedlung in bestimmten Schwerpunkträumen
1977	Ems-Dollart-Region-Beitritt (Deutschland – Niederlande)	grenzüberschreitende Zusammenarbeit; u. a. Entwicklung der Verkehrsinfrastruktur und wirtschaftliche Zusammenarbeit
1981	Regionales Raum-Ordnungs-programm (RRO) 1	wirtschaftliche (Weiter-)Entwicklung, Verkehrsplanungen
1990	RRO 2	Sicherung von Freiräumen: hierbei Berücksichtigung der Bereiche Landwirtschaft, Naturschutz, Gewerbe, Tourismus, Verkehr, regenerative Energiegewinnung
2000	RRO 3	Erhalt der Landwirtschaft; Schaffung von Freiflächen
2002	ZukunftsForum Emsland	Verbesserung der Versorgungsmöglichkeiten außerhalb von Städten; Ausbau des Emslandes zur „Energiekompetenzregion“

Quelle: eigene Zusammenstellung

M 8 Beschäftigtenentwicklung

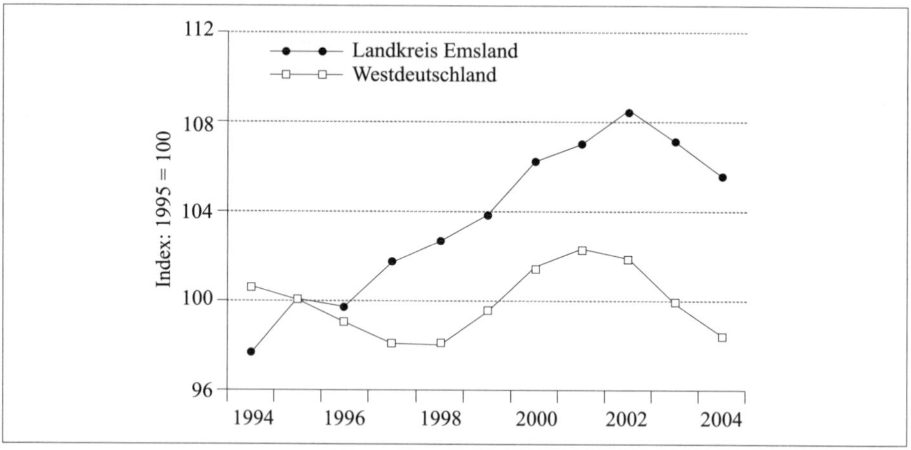

Quelle: eigene Darstellung, Datengrundlage: Niedersächsisches Landesamt für Statistik

M 9 Erwerbstätige im Emsland nach Wirtschaftssektoren

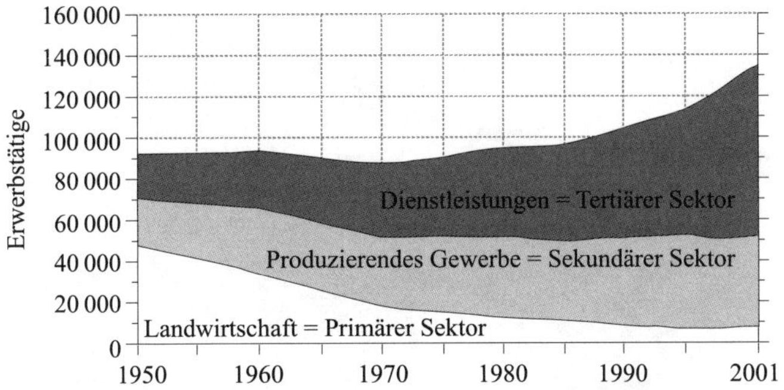

Quellen: Ricke, Heidi: Arbeitsmarkt und Beschäftigung. In: Der Landkreis Emsland. Geographie, Geschichte, Gegenwart. Eine Kreisbeschreibung. Meppen 2002, S. 689 (Daten bis 1999); Laufende Raumbeobachtung des Bundesamtes für Bauwesen und Raumordnung (Daten für 2000/2001)

M 10 Strukturdaten zum Emsland

Einwohnerdichte	105 Einwohner/km^2
Mittelzentren	3
Bildungsabschlüsse (%)	Hochschulreife: 15 (NS: 16, D: 23)
	Realschulabschluss: 52 (NS: 56; D: 43)
Arbeitslosenquote (%)	1990: 7,7 (D: 6,7); 1996: 11,0 (D: 9,8): 2003: 7,3 (D: 9,0)
Jugendarbeitslosigkeit (%)	2003: 16,6 (Westdeutschland: 12,3)
Industriebetriebe	1995: 178 (NS: 4 018), 2004: 207 (NS: 3 944)
Industriebeschäftigte	1995: 24 071 (NS: 578 000); 2004: 24 913 (NS: 527 000)
Veränderung Beschäftigte (%)	1995 – 2000: + 6,3 (NS: +1,6; West-D.: +1,5) 2000 – 2004: – 0,6 (NS: –3,9; West-D.: –3,1)
Industrieansiedlungen seit Mitte 60er-Jahre	– 2 Atomkraftwerke – Gaskraftfabrik – Elektrostahlwerk – Bleichemiewerk – Fabrik zur Herstellung nuklearer Brennelemente – Ausbau Werft (Papenburg) – Papierfabrik, Windkraftanlagen – Teststrecke Magnetschwebebahn (Lathen) – Teststrecke Mercedes-Benz (Lingen)

Quellen: Niedersächsisches Landesamt für Statistik 2006: Emslandstatistik 2005

M 11 Verkehrsinfrastruktur der Ems-Dollart-Region

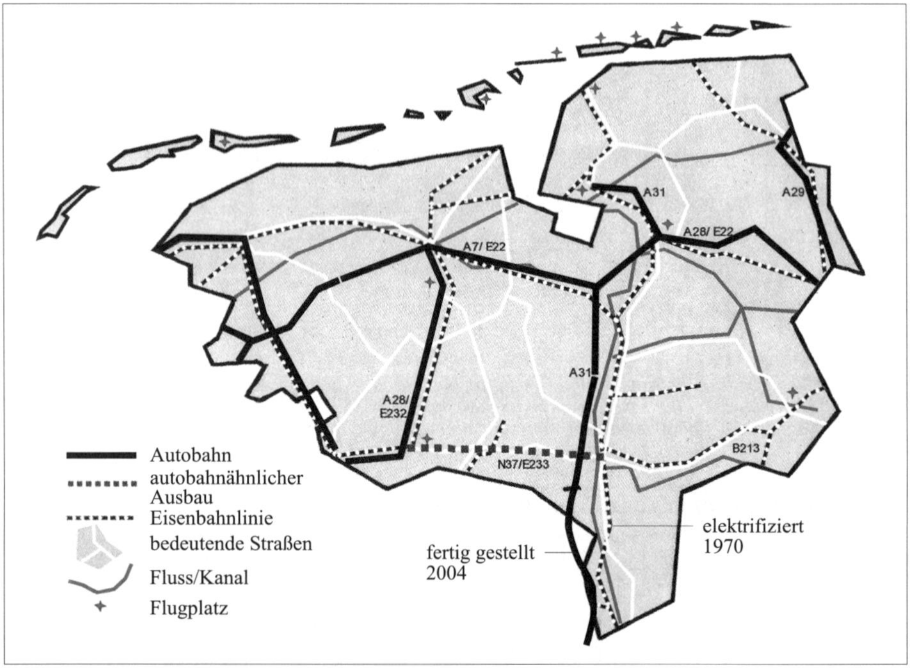

Quelle: Ems-Dollart-Region (Hrsg.): Programm im Rahmen der Gemeinschaftsinitiative INTERREG III A 2000 – 2006, S. 32 (abrufbar unter www.edr-org.de/content/pdf/programm_d.pdf; Zugriff am 27.04.06)

M 12 „Wir über uns“

Die Ems-Dollart-Region (EDR) wurde 1977 mit dem Ziel gegründet, die Zusammenarbeit in der deutsch-niederländischen Grenzregion zu fördern und Kontakte auszubauen. Unser Motto: „Chancen nutzen, Nachteile abbauen“. Mittlerweile gehören dem Verband insgesamt 105 Mitglieder an, die aus den niederländischen Provinzen Groningen und Drenthe kommen, sowie auf deutscher Seite aus Ost-Friesland, dem Emsland und dem Cloppenburger Raum. Die Mitglieder sind öffentlich-rechtliche Organe: Gemeinden, Zusammenarbeitsverbände von Gemeinden, Samtgemeinden, Städte, Landkreise, Kamers van Koophandel, Industrie- und Handelskammern, Handwerkskammern und die Ostfriesische Landschaft. Die EDR möchte dazu beitragen, dass negative Auswirkungen, die aus der Randlage im jeweiligen Land und der Situation in einem (einstigen) Grenzgebiet resultieren, überwunden und die Vorteile eines zusammenwachsenden Europas erkannt und genutzt werden. Jugend, Sport, Kultur, Bildung, Wirtschaft und Infrastruktur sind die Schwerpunkte der EDR.

Quelle: Ems-Dollart-Region, http://www.edr-org.de/index.php?pageId=37 (Zugriff 15.03.06)

M 13 Neue Hanse Interregio (gegründet 1991)

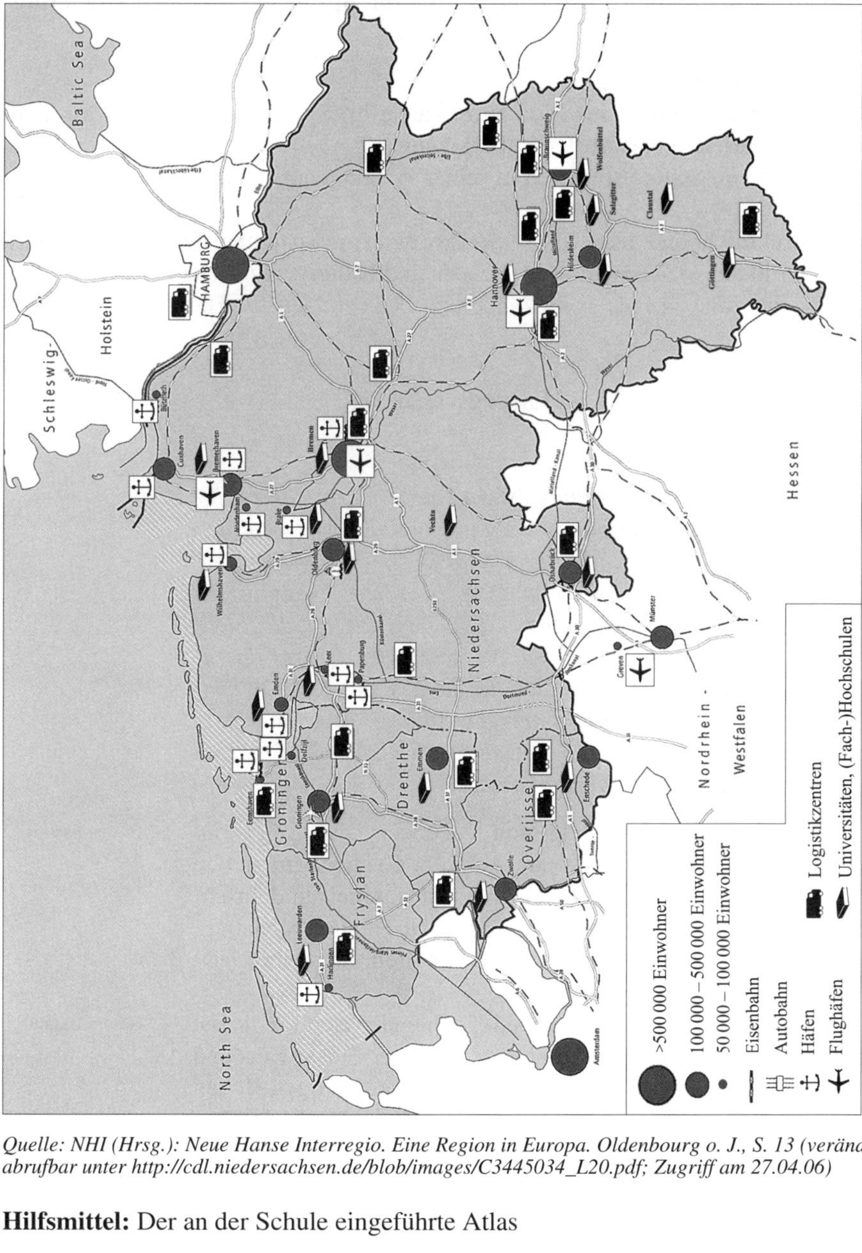

Quelle: NHI (Hrsg.): Neue Hanse Interregio. Eine Region in Europa. Oldenbourg o. J., S. 13 (verändert; abrufbar unter http://cdl.niedersachsen.de/blob/images/C3445034_L20.pdf; Zugriff am 27.04.06)

Hilfsmittel: Der an der Schule eingeführte Atlas

Bezüge der Aufgabe zu den „Vorgaben zu den unterrichtlichen Voraussetzungen für die schriftlichen Prüfungen im Abitur in der gymnasialen Oberstufe" im Jahr 2007

Inhaltliche Schwerpunkte:

- Raumstrukturen und raumwirksame Prozesse im Spannungsfeld von wirtschaftlichen Disparitäten und Austauschbeziehungen
  - Wandel von Standortfaktoren in seiner Wirkung auf industrieräumliche Strukturen
- Raumstrukturen und raumwirksame Prozesse im Spannungsfeld von Aktionen und Konflikten sozialer Gruppen, Staaten und Kulturgemeinschaften
  - Ursachen und Folgen von Wanderungsbewegungen für Herkunfts- und Zielgebiete

Lösungsvorschlag

Teilaufgabe 1

Erwartet wird bei dieser Teilaufgabe eine gegliederte, übersichtliche und detaillierte Darstellung der Lage und der wirtschaftlich relevanten Gegebenheiten des Emslandes. Hierbei sollten Sie zunächst den Peripherie-Aspekt und die ländliche Prägung des Untersuchungsraumes beschreiben. Außerdem gilt es, die Siedlungs- und Zentrenstruktur sowie die Verkehrsinfrastruktur darzustellen. Auch die Zugehörigkeit des Emslandes zur Ems-Dollart-Region sowie zur Neuen Hanse Interregio sollten Sie anführen, da dieser Aspekt für Ihre späteren Antworten zu den Teilaufgaben 2 und 3 eine wichtige Grundlage darstellt.

Geografische Lage

Der Landkreis Emsland, eine Region in Niedersachsen, liegt im äußersten Nordwesten der Bundesrepublik im **Grenzraum** zu den Niederlanden. Er erstreckt sich über ca. 90 km parallel zur deutsch-niederländischen Grenze und ist im nördlichen Teil bei Papenburg und im mittleren Teil bei Meppen ca. 40 km breit, im südlich Teil bei Lingen nur ca. 20 km (M 2, Atlas).

Naturausstattung

Der zur norddeutschen Tiefebene zählende Bereich weist großräumig Moore auf, vor allem in der Nähe der Flüsse Ems und Hase. Es wird überwiegend **Ackerbau** auf geringwertigen Böden (Podsolen) sowie **Grünlandwirtschaft** auf den Moorböden betrieben. Als Bodenschätze sind lediglich Erdölvorkommen im Raum Twist sowie kleinere Erdgasfelder im nordöstlichen Teil zu nennen (Atlas).

Der Landkreis ist mit 105 Einwohnern/km^2 dünn besiedelt (M 10). Die drei **Mittelzentren** Papenburg, Meppen und Lingen liegen entlang der in Nord-Süd-Richtung verlaufenden Eisenbahnlinie; dem östlichen Teil des Landkreises fehlen bis auf Haselünne weitere größere Zentren.

Bevölkerungsverteilung und Zentrenausstattung

Über die Ems bzw. den Dortmund-Ems-Kanal ist das Emsland auf dem **Wasserweg** mit dem Ruhrgebiet verbunden; über den Küstenkanal hat die Region Anschluss an das **zentrale Wasserstraßensystem** nach Norden und Osten. Nach Schließung der letzten Lücke der Autobahn A 31 zwischen Lingen und Bad Bentheim ist der Raum auch an das **überregionale** deutsche und niederländische **Fernstraßennetz** angebunden. Zusätzlich stellen Bundesstraßen die West-Ost-Straßenverbindungen nach Oldenburg, Cloppenburg/Bremen und Bersenbrück/Diepholz her (Atlas, M 2, M 11).

Verkehrsinfrastruktur

Mit den Niederlanden besteht seit 1977 ein grenzüberschreitender Verbund in Form des **Planungsraumes Ems-Dollart-Region (EDR)**, der unter anderem eine gemeinsame Verkehrsplanung vorsieht (M 11). Die Zugehörigkeit zur **europäischen Planungsregion Neue Hanse Interregio** seit 1991 schafft für den ehemals **peripher** am Westrand der BRD gelegenen Landkreis Emsland nunmehr eine fast **zentrale Lage** mit Anschluss an wirtschaftliche Kernräume der Niederlande im Westen sowie Bremen, Hamburg und Hannover im Osten (M 13).

Teilaufgabe 2

Beim „Erläutern" müssen Sie die zu untersuchenden Sachverhalte in ihren Begründungszusammenhängen darstellen und ggf. ergänzende Informationen (Atlas, Hintergrundwissen) hinzuziehen. Anhand von M 3–M 6 sind die im Vergleich mit Niedersachsen und dem Bundesgebiet deutlich positiveren Bevölkerungszahlen als Ergebnis einer zweifachen Zuwanderungswelle zu erläutern. Der überproportionale Anteil junger Bevölkerung ist im Hinblick auf die aktuellen Beschäftigungsprobleme und auf einen künftigen Generationenwechsel zu problematisieren. Anhand von M 7–M 10 müssen Sie die positive Bevölkerungsentwicklung seit 1950 im Vergleich mit Niedersachsen und Gesamtdeutschland ebenso herausstellen wie die untypische Schwerpunktentwicklung im sekundären Sektor. Als Ursachen sind die Zielsetzungen der Raumplanungsmaßnahmen anzuführen.

Nachdem in der 2. Hälfte des 19. Jahrhunderts die Bevölkerungszahl im Emsland im Großen und Ganzen stagnierte – in diesem Zeitraum boomte die Bevölkerung in den von der **Industrialisierung** erfassten Regionen Deutschlands – stieg sie zwischen den beiden Weltkriegen zunächst um rund die Hälfte auf ca. 160 000 an. Ein weiterer deutlicher Zuwachs auf knapp 200 000 war flüchtlingsbedingt (M 7) bis 1950 zu verzeichnen. Im Zuge weiterer **Zuwanderungen** stieg die Bevölkerungszahl bis zum Jahr 2000 noch einmal um weitere 100 000 Einwohner, wobei die letzte Zuwanderungswelle nach der Öffnung des Eisernen Vorhanges seit 1990 zu verzeichnen war (M 3).

Bevölkerungsentwicklung

Verglichen mit dem Bundesland Niedersachsen und dem Bundesgebiet stellt die **Bevölkerungsentwicklung** seit 1990 eine Ausnahme dar. Offensichtlich war das Emsland als **Zuwanderungsraum** besonders beliebt, bevor mit dem Wohnortzuweisungsgesetz seit 1996 eine staatliche Lenkung der Zuwanderungsströme aus Osteuropa dem sprunghaften Anstieg der Bevölkerung im Emsland Einhalt gebot (M 4–M 6). Die **Wanderungsbilanz** weist neben einem allgemeinen Zuzug den Wegzug vor allem jüngerer, arbeitsfähiger Bevölkerungsgruppen auf, wozu die mit 16,6 % überdurchschnittlich hohe **Jugendarbeitslosigkeit** sicher beitragen dürfte (M 6, M 10): Zwar ist der Prozentsatz der abwandernden Bevölkerungsgruppen im Alter von 18–30 Jahren im Vergleich mit Niedersachsen und dem Bundesgebiet in der Summe nicht übermäßig groß. Dennoch ergibt sich in Anbetracht des in Deutschland gegenwärtig zu beobachtenden **generativen Verhaltens** nach dem nächsten, spätestens nach dem zweiten Generationswechsel eine Umkehr des zur Zeit noch günstigen **Altersaufbaus**. Letzteres wird dadurch verstärkt, dass der **Ausländeranteil** trotz der Zuwanderungsströme aus Osteuropa mit 4,7 % weiterhin deutlich unterdurchschnittlich ist (M 6) – statistisch gesehen trägt die ausländische Bevölkerung mit einer höheren Geburtenrate überdurchschnittlich stark zur Bevölkerungsentwicklung in Deutschland bei.

Wirtschaftsentwicklung

Als Gründe für die zuletzt positive Bevölkerungsentwicklung können Wirtschaftsstruktur und **Wirtschaftsentwicklung** genannt werden: Mit einem mit 45 % deutlich überdurchschnittlichen Anteil an Beschäftigten im sekundären Wirtschaftssektor (M 2) bietet das Emsland Arbeitskräften mit fachlicher Erfahrung ungeachtet ihrer Herkunft Arbeitsmöglichkeiten. Die **Beschäftigtenentwicklung** des Landkreises Emsland im Vergleich mit derjenigen Westdeutschlands seit 1994 belegt die positive Entwicklung in der letzten Dekade, die auch in Zeiten wirtschaftlicher **Rezession** jeweils um 7–8 Indexpunkte über den Werten Westdeutschlands bzw. denen Niedersachsens lag (M 8, M 10). Und während im Zuge der **Tertiärisierung** z. B. in Niedersachsen und anderen Regionen der Anteil der im produzierenden Gewerbe Beschäftigten sank, weist der entsprechende Wert im Emsland bis zur Gegenwart eine leicht steigende Tendenz auf (M 9, M 10), wobei gleichzeitig vor allem seit 1990 die Beschäftigtenzahl im Dienstleistungsbereich deutlich anstieg.

Erfolge der Raum- und Regionalplanung

Offensichtlich sind die verschiedenen **Raum- und Regionalplanungsvorhaben** im ehemaligen „Armenhaus Deutschlands" erfolgreich gewesen, angefangen mit den großindustriellen Neuansiedlungen nach 1960 über die Verkehrsplanungen im Rahmen des RRO 1 nach 1981 bis zur Entwicklung zur Energiekompetenzregion im Jahr 2002 (M 7). Sowohl die Werft in Papenburg, die Versuchs-Magnetschwebebahn bei Lathen, zwei Atommeiler als auch zuletzt die Teststrecke von Mercedes-Benz in Lingen beweisen die erfolgreiche Umsetzung der industriellen Ziele (M 2, M 10, Atlas). Gleiches ist auch sowohl für das gegenwärtige Verkehrsgesamtnetz als auch für das **Gesamtenergiekonzept** im Rahmen des **europäischen Verbundsystems** festzustellen (M 11, Atlas).

Teilaufgabe 3

Beim Überprüfen des Gegensatzes „Armenhaus – Zukunftsregion" müssen Sie das jeweilige Für und Wider im Rahmen einer geordneten Argumentation abwägen. Mit Ausblick auf die Zukunft ist vor dem Hintergrund der gegenwärtigen gesamtwirtschaftlichen Rezession ein differenziertes Urteil abzugeben, das die sozioökonomischen Gegebenheiten im Kontext europäischer und globaler Entwicklungen berücksichtigt. Die grenzüberschreitende, vielfältige Kooperation im Rahmen der EDR seit 1977, die z. B. erste Fortschritte bei der Verkehrsinfrastruktur ergeben hat, sowie die zentrale Lage innerhalb des deutlich größeren, potente Wirtschaftsräume umfassenden Gesamtplanungsraumes Neue Hanse Interregio seit 1991 muss hierbei als Entwicklungschance dargestellt werden.

Der Landkreis Emsland hat in den letzten Jahrzehnten einen Wandel hinsichtlich seiner wirtschaftlichen Potenz vollzogen: Von einem ehemals peripher gelegenen und verkehrsmäßig kaum erschlossenen, dünn besiedelten **Agrarraum** hat sich das Emsland zu einer **Wachstumsregion** mit industriellen Schwerpunkten entwickelt.

Wandel vom Agrarraum zur Wachstumsregion

Hierzu haben – neben den bundesdeutschen Planungs- und Förderentscheidungen seit 1977 – auch die verschiedenen länderübergreifenden Vorhaben in der EDR bzw. innerhalb der Neuen Hanse Interregio beigetragen (M 11–M 13). Nicht zu vergessen ist, dass aufgrund äußerer Umstände – Ausweitung der EU, Wegfall des Eisernen Vorhangs, allgemeine Globalisierungstendenzen – aus der **ehemaligen Lageungunst** nunmehr eine deutlich günstigere Lage inmitten eines sich neu definierenden **europäischen Großraumes** geworden ist.

Als ein erstes Ergebnis der neuen zentraleren Lage kann die Errichtung eines Logistikzentrums im Raum Lathen südlich von Papenburg vermutet werden (M 13), das quasi die Lücke im internationalen Logistikstandortnetz schließt.

Fazit

Die allgemeinen Wachstumsaussichten können vorsichtig als positiv bewertet und der Landkreis Emsland kann durchaus als Wirtschaftsregion mit Zukunft eingeschätzt werden.

Ihre Meinung ist uns wichtig!

Ihre Anregungen sind uns immer willkommen. Bitte informieren Sie uns mit diesem Schein über Ihre Verbesserungsvorschläge!

Titel-Nr.	Seite	Vorschlag

Bitte hier abtrennen

Zutreffendes bitte ankreuzen!

Die Absenderin/der Absender ist:

- ☐ Lehrer/in in den Klassenstufen: ______
- ☐ Fachbetreuer/in
  Fächer: ______
- ☐ Seminarlehrer/in
  Fächer: ______
- ☐ Regierungsfachberater/in
  Fächer: ______
- ☐ Oberstufenbetreuer/in
- ☐ Schulleiter/in
- ☐ Referendar/in, Termin 2. Staatsexamen: ______
- ☐ Leiter/in Lehrerbibliothek
- ☐ Leiter/in Schülerbibliothek
- ☐ Sekretariat
- ☐ Eltern
- ☐ Schüler/in, Klasse: ______
- ☐ Sonstiges: ______

Unterrichtsfächer: (Bei Lehrkräften!)

STARK Verlag
Postfach 1852
85318 Freising

16-VM5

Bitte ausfüllen und im frankierten Umschlag an uns einsenden. Für Fensterkuverts geeignet.

Kennen Sie Ihre Kundennummer?
Bitte hier eintragen.

Absender (Bitte in Druckbuchstaben!)

Name/Vorname

Straße/Nr.

PLZ/Ort

Telefon privat

Geburtsjahr

E-Mail-Adresse

Schule/Schulstempel (Bitte immer angeben!)